DATA

Practical Guidelines for Data Visualization

让数据说话

数据可视化实战指南

张羽佳 张平亮◎编著

机械工业出版社

CHINA MACHINE PRESS

本书主要篇章为数据可视化的概述、大数据与可视化、数据可视化技术、数据可视化常用工具、数据可视化实现流程及其方法、数据可视化的实战经验。本书以大量的实例展现了数据可视化运用技巧和实战经验，为读者更快地了解和应用数据可视化方法、开展有效的数据处理分析和决策工作提供了一定的指导和参考。

　　本书可作为初学者入门的向导，同时对于相关行业人员开展数据可视化应用和开发也是一本颇有价值的实用参考书。

图书在版编目（CIP）数据

让数据说话: 数据可视化实战指南/张羽佳, 张平亮编著 . — 北京:
机械工业出版社, 2019.8
ISBN 978-7-111-63336-5

Ⅰ.①让⋯　Ⅱ.①张⋯ ②张⋯　Ⅲ.①数据处理 – 指南
Ⅳ.① TP274

中国版本图书馆 CIP 数据核字（2019）第 155700 号

机械工业出版社（北京市百万庄大街 22 号　邮政编码 100037）
策划编辑：胡嘉兴　戴思杨　责任编辑：戴思杨
责任校对：李　伟　　　　责任印制：孙　炜
保定市中画美凯印刷有限公司印刷
2019 年 10 月第 1 版第 1 次印刷
170mm×242mm · 14 印张 · 1 插页 · 146 千字
标准书号：ISBN 978-7-111-63336-5
定价：69.00 元

电话服务　　　　　　　　　网络服务
客服电话：010-88361066　机 工 官 网：www.cmpbook.com
　　　　　010-88379833　机 工 官 博：weibo.com/cmp1952
　　　　　010-68326294　金 书 网：www.golden-book.com
封底无防伪标均为盗版　机工教育服务网：www.cmpedu.com

前　　言

随着大数据时代的来临，互联网上的数据每两年都会翻一倍，如今全球超过90%的数据都是近十年的，到2020年全球将拥有35ZB的数据量。大数据的力量，正在冲击着社会的各行各业，当代信息科学领域正面临数据爆炸的重大挑战，所需处理的数据量越来越大。因此，海量数据的分析和处理显得越来越重要。如果要从海量数据中发现有价值的信息，往往需要借助人们的经验和分析能力，这时就需要结合数据可视化技术，利用计算机图形图像和数据挖掘的技术与方法，将这些杂乱无章的数据转化成人们容易看懂的可视化图形图像，大大加快数据的处理速度，使目前每时每刻都在产生的庞大数据得到有效的利用；实现人与人、人与机之间的图像通信，改变目前的文字或数字通信，从而使人们能够直观且美观地展现数据之间的关系，能够观察到以往难以察觉到的现象，为人类洞察和理解数据背后隐藏的内容提供重要的手段；同时通过使用图像、曲线、二维图形、三维体和动画来显示数据，可对其模式和相互关系进行可视化分析，挖掘出其中隐藏的有价值的信息，并发现它们的规律，从而帮助数据分析师和管理者迅速做出重要决策。因此，数据可视化作为一门新兴的学科，正成为解决海量数据信息处理问题十分有效的方法。数据可视化技术已经广泛应用于金融领域、工业和工程领域、气候学与气象预报领域、生命科学领域、网络监控与系统安全领域、商业智能和其他科学与艺术领域等，在数据的处理、分析和决策等方面发挥了十分重要的作用。

　　本书取材广泛，借鉴和应用了大量数据可视化的实践总结和案例，使读者能更快地了解和应用数据可视化的方法。本书可作为初学者入门的"向导"，同时对于相关行业人员开展可视化应用和开发也是一本颇有价值的实用参考书。

　　在本书的编写过程中，我们参考和引用了国内外专家的一些成果和文献资料、书籍，由于篇幅有限，书的最后仅列出了其中一部分，在此谨向相关作者致以深切的谢意。限于编者的水平和经验，书中欠妥和错误之处在所难免，恳请读者批评指正。

编　者

2019.7

目　　录

第一章

数据可视化的概述

第一节　数据可视化的由来

一、概述

"大数据（Big Data）时代"已经来到，互联网上的数据每两年翻一番，当今全球超过 90% 的数据都来自近十年。大数据的力量，正在冲击着社会的各行各业，除了政府机构、媒体（传统媒体）、企业等提供着越来越多的数据以外，新兴的社会化媒体（如 SNS 社区）、物联网技术（如智能手机）等的应用普遍化，正在彻底改变人们日常的学习和生活，如发微博、网上购物、浏览网页等已经成为人们日常生活的一部分。互联网的海量数据爆发，介入人类生活的深入化，这不得不说是对当今社会的一个重大挑战。

随着科学技术的不断发展，计算机的计算能力和存储能力以及互联网技术的迅速提升，身处大数据时代的人不仅需要处理的数据量越来越大，如每天产生 3 亿 VISA 信用卡交易额，成千上万复杂的金融股票交易和 2 100 亿封电子邮件数据；而且数据的高维、多源、多态，获取的动态性、数据关系的异构（如数据的流模式获取、非结构化语义的多重性等）更增加了数据使用的难度。对如此多的海量数据资源进行分析、归纳、利用和挖掘，并从中发现隐藏的模式和规律，已成为当今信息社会的一大问题。

从外界获得的 80% 以上的信息都来自视觉系统。一幅图胜过千言万语。当你阅读报纸、杂志，看电视新闻或天气预报的时候，都能看到许多数据可视化的例子。例如柱形图通常用来表示人口普查得出的结果；使用趋势地形图来表达地理和天气的模式等。这种可视化的新视觉表达形式随信息社会蓬勃发展而诞生，顺应大数据时代的到来而兴起。它实际上是一个信息转化的过程，是一种展示数据的方式，是对现实世界的抽象信息解读，即将抽象的数据信息、非空间的概念信息、知识信息以及内在的联系，通过处理转化成一种可感知的、能快速识别的形式，以求理解各种各样的数据集合，表现多维数据之间的关联，达到辅助分析、再现客观的目的。因此，数据可视化作为一门新兴的学科，正成为解决海量数据信息处理问题十分有效的方法。

数据可视化（Visualization）是采用各种先进的信息、计算机图形学和图像处理技术以及计算机交互技术，将抽象数据和信息编码转换成具有可视特征的图形图像、视频或动画，并在屏幕上显示出来，然后充分利用人眼的高带宽对图形中的大量信息进行快速观察、分析和推理，促使复杂的数据更容易被理解和使用。

二、重要意义

人类通过视觉通道获得外在世界的图形含义，并向大脑清晰、高效地传递数据中包含的信息，对所获得的大量、复杂和多维的数据进行分析与处理。这就需要提供给我们像人眼一样具有直觉的、交互的和反应灵敏的可视化环境，用户根据自身特定的任务对数据信息按照自身需求进行数据可视化处理。因此，发展数据可视化技术具有十分重要的意义。

（1）大大加快了数据的处理速度，使目前每时每刻都在产生的庞大数据得到有效的利用。

（2）实现了人与人、人与机之间的图像通信，改变了目前的文字或数字通信，从而能使人们观察到使用传统方法难以发现的现象和规律。

（3）使科学家不仅能得到计算结果，而且知道在计算过程中发生了什么现象。并且可以改变参数，观察其影响，对计算过程实现引导和控制。

（4）有了对数据进行可视化的能力，信息的传播就更清晰且有效。

（5）能有效地表达观点，不仅形式上符合审美，功能上也符合需求。

（6）可提供在计算机辅助下的可视化技术手段，从而为在网络分布环境下的计算机辅助协同设计打下基础。

（7）用户可以方便地以交互的方式管理和开发数据，使人工处理数据、绘图仪输出二维图形的时代一去不返。

（8）用户可以看到表示对象或事件的数据的多个属性或变量，而数据可以按其每一维的值，进行分类、排序、组合和显示。

（9）可以用图、曲线、二维图形、三维体和动画来展示数据，并可对其模式和相互关系进行可视化分析。

（10）可大力促进诸医学、地质、海洋、气象、航空、商务、金融、通信等领域的快速发展。

第二节　数据可视化的发展

数据可视化被认为是伴随统计学的诞生而出现的，随着人类文明的发展而不断演化前进。从最早的地图制作和视觉展示，到今天随着数据量的不断增长，逐渐形成了不同的分支，在不同的领域取得了很好的发展。大体上，数据可视化可以分为以下六个阶段：第一阶段—可视化思想的起源时期（15世纪—17世纪）；第二阶段—数据可视化的孕育时期（18世纪）；第三阶段—数据图形的出现（19世纪前半叶）；第四阶段—第一个黄金时期（19世纪中末期）；第五阶段—低潮期（20世纪前期）；第六阶段—新的黄金时期（20世纪中末期至今）。

图1-1为数据可视化的各个发展阶段。

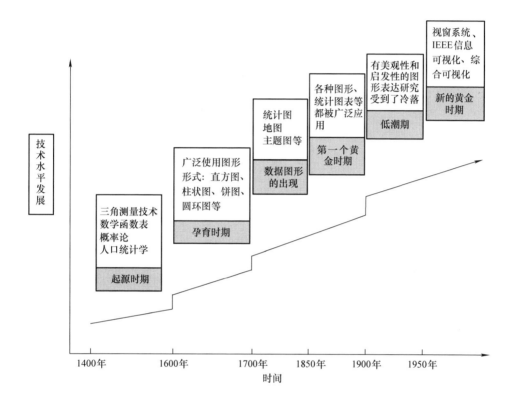

图 1-1　数据可视化发展阶段

第三节　数据可视化的基本概念和作用

一、数据可视化技术的五个基本概念

数据可视化技术包含以下五个基本概念：数据空间，数据开发，数据分析，数据可视化，可视分析学，如图 1-2 所示。

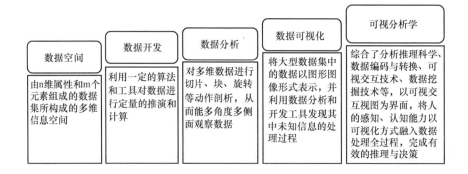

图 1-2 数据可视化技术的五个基本概念

二、数据可视化的作用

当前信息科学领域面临着数据量大、高维、多源、多态的情况，主要表现在所获取的数据具有动态性、数据内容有噪声且互相矛盾、数据的非结构化、语义的多重性等，这些给用户处理数据带来了极大的困难。因此，为了帮助用户更好地处理数据，并能更容易地理解社会发展和自然环境的现状，数据可视化诞生了。其用形象直观的图形图像来辅助数据分析和数据挖掘，加深用户对数据的理解，加快获取数据背后信息的速度，是可视化的目标。数据可视化的作用有以下 8 个方面。

（1）正确反映数据的本质，从看见物体到获取知识。如在医学研究领域，数据可视化可以通过可视化不同形态的医学影像、化学检验、过往病史等，帮助医生了解病情发展、病灶区域，甚至拟定治疗方案。

（2）简化数据，以更加简洁、更有条理的形式将海量数据展现出来；减少搜索，如利用较少的空间展示大量的数据。

（3）按照信息自身的时间关系，在空间中对信息加以组织；利用某种可视资源来增加各种模式的识别，以提高用户的工作记忆能力。

（4）可视化的艺术完美性，使形式与内容更加和谐统一。对信息进行多角度的全方位展示，并展示各个不同层次信息的细节。

（5）将信息以可视的方式呈现给用户，可引导用户从可视化结果分析和推理出有效信息，为信息之间的对比和交互提供便利；易于对各种关系进行知觉推理，提升信息认知的效率。

（6）将隐含在数据间的深层次联系和内在规律揭示出来，使得人们能够迅速对大量的数据有所了解，对大量的潜在事件加以知觉监控，支持上下文理解，能够帮助用户对问题的本质有更多洞见和更深入的理解。

（7）增加一种便于操作的，不同于静态图的媒介，从而成就对参数取值空间的探索，帮助用户创建描述状况的共享视图，并对需要采取的措施达成共识。

（8）可视化是将复杂信息传递给公众的最有效途径，以达到信息共享与论证、信息协作与修正、重要信息过滤等目的。

第四节　数据可视化应用

数据可视化要根据数据的特性，如时间信息和空间信息等，找到合适的可视化方式，如图表（Chart）、图（Diagram）和地图（Map）等，将数据直观地展现出来，以帮助人们理解数据，同时找出包含在海量数据中的规律或信息。数据可视化是大数据生命周期管理的最后一步，也是最重要的一步。因此，数据可视化主要应用于如下 5 种情况。

（1）存在相似的底层结构，相似的数据可以进行归类时。

（2）用户处理自己不熟悉的数据内容时。

（3）用户对系统的认知有限，并且喜欢用扩展性的认知方法时。

（4）用户难以了解底层信息时。

（5）数据更适合感知时。

数据可视化在各个领域都得到了十分广泛的应用，在医学、生物学、地质、海洋、气象、航空、军事等领域都被广泛应用。最近几年，在自然科学、工程技术、金融、网络通信和商业信息等领域，信息可视化也被大范围地应用，成为信息可视化中新的研究热点。数据可视化技术的广泛应用，促使软件业在各个行业有了高科技市场。一些可视化软件相继出现，这不仅提高了各个行业的工作效率，也促进了可视化技术的发展。下面举例说明一下数据可视化被成功应用的领域。

一、生命科学领域的数据可视化

生命科学领域的数据可视化应用已经比较成熟，尤其在医学领域，多为三维图像可视化。使用临床医学图像处理技术（CT技术，Computed Tomography，即计算机X射线扫描技术；PET，Positron Emission Tomography，即正电子发射型计算机断层显像），可获得病人有关部位不同模态的医学影像数据。核磁共振成像（Nuclear Magnetic Resonance Imaging，简称NMRI），也称磁共振成像（Magnetic Resonance Imaging，简称MRI），在无害、安全、快速的情况下，能较好地绘制成物体内部的结构图像，被广泛用于膀胱、直肠、子宫、阴道、骨、关节、肌肉，脑部和心脏成像；超电子显微镜成像是通过集中离子束扫描式（Ion-abrasion Scanning Electron Microscopy）电子显微镜利用产生的高压聚焦离子束对细胞进行纵向切片，并对切面进行扫描，从而得到构成细胞的三维真实图像。通过所需要的图像，能使医生对病灶部位的大小、位置有定性的认识，再加上可视化手段对其进行图像融合，就能帮助医生准确定位病灶部位的大小、形态以及空间位置等属性，同时也能看到它和周围生物组织的关系，尤其是对大脑等复杂区域，数据场可视化所带来的效果尤其明显。借助虚拟现实的手段，医生可以对病变的部位进行高效精确的诊断，先在手术之前模拟手术过程，然后制定有效的手术方案，最后在屏幕上监视手术进行的情况，大大提高手术的成功率。图 1-3 为脏器的医学图像三维重建可视化仿真手术系统。

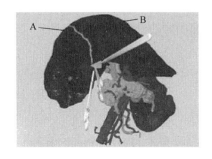

图 1-3　脏器的医学图像三维重建可视化

二、气候学与气象预报领域的数据可视化

气候变化是理解地球自然变化、社会发展的重要方面，通过对气候系统（包括大气、天气、海洋、地球、化学过程、生态系统、空间气象、太阳系统）的研究，以气候模型来观测和模拟全球若干年内的气候变化，如全球变暖情况，寻找其互相作用的物理、化学、动力学和生物进程。这些以月、季、年度为单位表达其极值和变化趋势，并需要对大量的数据进行分析和可视化，包括观测数据（卫星、雷达等）。

气象预报与人民的生活、国民经济的持续发展和国家安全密切相关。通过将大量的气象观测数据转换为图像，在屏幕上显示出某一时刻的气温分布、气压分布、旋涡、云层、雨量分布、暴雨区的位置及其强度、风力的大小及方向等，然后根据观测的数据结果对气象情况及其变化趋势进行分析和研究，最后预报人员能对未来的天气做出准确的预测，这样可以对灾害性天气进行预报和预防，将大大减少人民生命财产的损失。如图 1-4 所示，利用 Vis5D 软件，集成不同类型的数据，实现了气象可视化效果。

图 1-4　Vis5D 的气象可视化效果

三、工业和工程领域的数据可视化

企业数据可视化，有助于更好地掌控整个企业运营流程，便于管理。在建筑建设、水利工程、交通运输、汽车设计、航空航天工程等领域，通过科学计算和可视化数据这两个工作环节，大大提升计算仿真流体运动的精确度。在工业和工程领域的数据可视化运用不仅在专业上很成熟，而且已经走进了人们的生活。如在设计中使用的图纸就是一种通用语言，即在图纸上用图形符号表示，诸如减速箱、轴承、开关等图形符号，可以使用户读懂零部件图和机电装配图。而且，现在还可以通过建模渲染等可视化技术将概念、符号、数据用三维图形呈现出来，比如在三维软件渲染的装配图中，可以清晰地看到每一个零部件装配的过程，从而大大降低了仅依靠图纸装配导致出错的概率。数据可视化已经成为一种艺术表达方式，如图 1-5 是一款宝马概念车的模型渲染图。

图 1-5　一款宝马概念车的模型渲染图

除此以外，可视化在工程中也有着广泛的应用。飞机、船舶、汽车等的性能和工作情况需要在不同的气压、液压下进行检测。以前需要用真实的飞机、船舶或汽车等模型在空中、水中或地面进行模拟测验，既费力又费时。如今，可以用计算机进行相关的模拟计算，如计算流体动力学（也即 CFD），求解流体偏微分方程……这些方程式是航空航天、汽车设计、气象预报和海洋学等应用研究的核心，其主要目的是对流体运动进行仿真。随着超级计算机的应用，计算流体力学仿真的精度和复杂性迅速提升，例如目前已可对复杂几何形状的三维流进行仿真。此时数据可视化就可将数据动态地显示在屏幕上，帮助人们理解和分析相关的计算结果，并找到最有效的计算方法。

四、金融领域的数据可视化

金融可视化技术可以帮助人们对大规模的、复杂的金融数据进行理解、分析和处理，如股票分析、基金市场分析、货币流通分析、金融犯罪等分析。金融数据分析是金融市场的重要需求，采用可视化方法无疑将提高分析师的效率。在基金股票分析等领域应用非常广泛而复杂的财务数据分析，如美国北卡罗来纳大学夏洛特分校的可视化中心研究开发了基于识别特定关键词的电子转账数据可视化系统，构建了客户信用风险分析的可视分析系统，采用多个链接视图的层次交互可视分析，帮助分析探索简单的大规模电子转账数据。通过对银行和信用机构的信息清理，可以使资金活动链和财务活动更加清晰，也能够实现金融犯罪的防范和调查，如 Walter Didimo 等人开发了一个可视化系统 VisFAN 来分析和可视化金融活动网，以监控金融犯罪。如图 1-6 所示是某上市公司金融数据可视化结果。

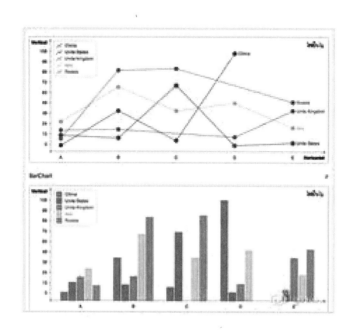

图 1-6 某上市公司金融数据可视化结果

五、商业智能领域的数据可视化

随着电子商务的快速发展，在淘宝网上购物已成为网络应用的热点。每天在互联网上实现巨大的交易量，并产生了海量商业数据。如何借助各种创新的手段，有效挖掘隐藏于这些数据中的财富与价值，已经成为人们迫切需要解决的问题。因此，为了推动商业智能的大众化，降低普通人进行数据分析的门槛，可视化成为解决这类问题的有效方法之一。

商业智能可以理解为一种用商业数据研究、分析、解决问题的手段和途径。商业智能能整合数据资源、成本控制、盈利能力分析、关键绩效指标（Key Performance Indicator 简称 KPI）、企业风险管理及员工管理等。在商业智能领域，将其与数据可视化结合就是商业智能可视化。通过商业报表、图形和关键绩效指标等易辨识的方式，使数据可视化能展现商业智能中的原始多维数据间的复杂关系、潜在信息及发展趋势，以易于访问和交互的方式揭示数据内涵，从而利于决策人员进行分析和研究。例如，设计可视化分析的平台，对包含大量文本、图像、视频的在线商业网站，使用商业智能分析系统进行数据可视化的研究，以利于用户挖掘、用户访问和线上调研的用户关系管理，对计算机的数据进行分类分析、结果筛选等二次操作，也能在任何地方建立、发现并分析隐藏的内容，对其进行分享和协作。图 1-7 所示是 2011 年技术领导者领域融资情况可视化图。

六、网络监控与系统安全领域的数据可视化

随着个人计算机的普及，多媒体和网络技术的发展，网络数据量呈现出双重增长的发展态势，网络潜在的数据量和复杂程度均以成倍的速度递增，网络数据及公共资源的潜在价值极大，通过文本分析并进行可视化可以方便地显示网络流量节点的连接特性信息，实现有效的监测数据通信，确定用户的实时网络应用服务状态。例如，针对分析用户浏览行为数据开发的一个可视化工具

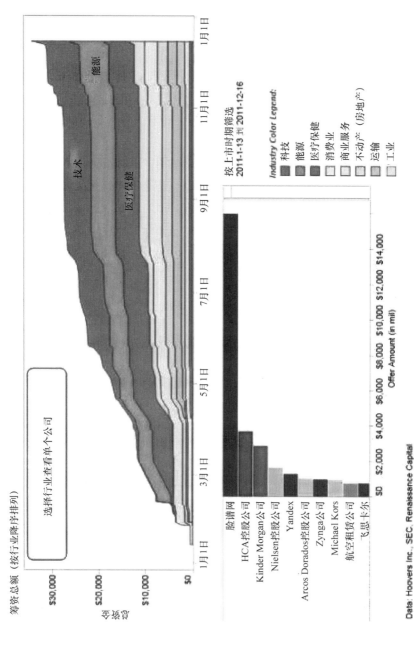

图1-7 2011年技术领导者领域融资情况可视化图

LogTool，基于一个强大的网络数据包监听软件 Carnivore，通过分析数据包的不同 IP 地址和端口，可以判断用户正在使用的是什么样的网络程序或者服务。图 1-8 是使用邻接矩阵对信任关系网络进行可视化分析，该图展示了无线自组网络环境下 50 个节点通过路由互助产生的信任关系，可以有效地将系统中的攻击者从用户中分离出来。

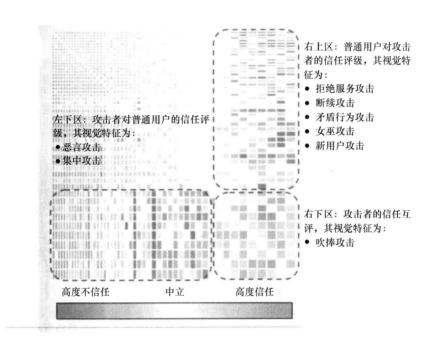

图 1-8　使用邻接矩阵对信任关系网络进行可视化分析

　　网络与系统安全是最重要的方向之一。在大型公司的网关（又称网络连接器：协议转换器）、城市级互联网数据交换中心的服务器，每天都会记录下海量的日志数据，包括网站访问、电子邮件收发、文件传输等。由于其信息安全的应用问题相对更为发散，必须有一套统一的可以直接应用于信息安全问题的可视化方法。通常，部署在网关上的智能分析系统、人机协同计算检测威胁的方法（如入侵检测系统，lntrusion Detection Systems，简称 IDS）和防火墙等都会基于这些数据生成分级的安全报告，根据用户定义的防御级别发出警报，并提供丰富的可视化工具和交互手段来对系统警报进行人工处理。

七、其他科学与艺术等领域的数据可视化

新闻中的数据信息可以归纳为信息图表，再与其他新闻进行分析整合，往往可以从中有所收获。表意性可视化发展了近百年，充分体现了艺术为科学技术服务的精神，是科研工作者和艺术家之间互动协作的结果。面向艺术的表意性可视化可以被用来强调细节、表达想法，或者激发对问题的思考和探索，对正常情况下不可见的对象突出一部分内容而忽略另一部分内容。其中信息图是设计师基于对数据的理解和把握，通过视觉设计更好地展示信息，以便其他用户更好理解。视觉传播是和数据可视化联系紧密的新兴领域，也是视觉设计与社会媒体和营销的结合。视觉传播通过视觉设计和艺术表达来达到更快速、有效、有趣并使人印象深刻的传播效果，以提高沟通和传播的效率，对界面设计等可用性方面起到了一定的指导作用。图 1-9 是 1958—2010 年间最具影响力的音乐专辑统计。

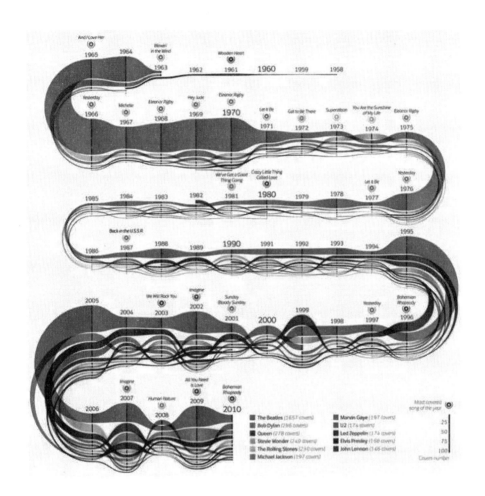

图 1-9　1958—2010 年间最具影响力的音乐专辑统计

第二章

大数据与可视化

第一节　大数据的概述

随着互联网、物联网、云计算等信息技术的迅猛发展，信息技术与政治、经济、军事、科研等方面不断交叉融合，并延伸至商业世界及公众生活，人类交流和连接的方式发生了裂变，催生出超越以往任何年代的海量数据，由此开启了大数据时代：遍布世界各地的各种智能移动设备、传感器、电子商务网站、社交网络每时每刻都在生成类型各异的数据。到了 2020 年，全世界所产生的数据规模将是今天的 44 倍。每一天，全世界会上传超过 5 亿张图片，每分钟就有 20 小时时长的视频被分享。与传统的数据集合相比，大数据通常包含大量的非结构化数据，且大数据需要更多的实时分析。传统的产业模式被不断革新，原有的产业链被打破，以往的传统观念也被彻底颠覆。如今，工业界、学术界甚至政府部门都对大数据这一研究领域产生了巨大的兴趣。例如，《经济学人》《纽约时报》《自然》《科学》杂志分别开设了特殊专栏，来讨论大数据带来的挑战和重要性。2007 年 1 月，吉姆·格雷（Jim Gray）——数据库软件的先驱，将这种转变称为"第四范式"。为此，开发新一代的计算工具是应对这种范式的唯一方法，以便对海量数据进行管理、可视化和分析。

一、数据

1. 数据的定义

数据（Data）是用来描述科学现象和客观世界的符号记录，是用于表示客观事物的未经加工的原始素材，是构成信息和知识的基本单元。数据可以按其每一维的值分类、排序、组合和显示，也可以用图像、曲线、二维图形、三维体和动画来显示。

数据是信息的表现形式和载体，数据的视觉表现形式是以某种概要形式抽提出来的信息，包括相应信息单位的各种属性和变量。它将不可见或难以直接显示的数据转化为可感知的图形、符号、颜色、纹理等，以此来供特定领域内的专业人员进行交流沟通，包括描述、解读和保存。

2. 数据的分类

一般来说，可按数据性质和数据表现的角度分类，如表 2-1 所示。

表 2-1 按数据性质和数据表现的角度分类

分类	具体类别	定 义	实 例
数据性质	①定位的	表示事物确定方位的数据	如各种坐标数据
	②定性的	表示事物属性的数据	如居民地、河流、道路等
	③定量的	反映事物数量特征的数据	如长度、面积、体积等几何量或重量、速度等物理量
	④定时的	反映事物时间特性的数据	如年、月、日、时、分、秒等
数据表现的角度	①数字数据	各种统计或测量数据是不连续的、离散的	如符号、文字等
	②模拟数据	由连续函数组成的、在一定范围内连续变化的物理量，一般分类包含空间图形或同图形数据（如点、线、面），以及符号、文字和图像数据等	如声音的分贝数等

二、大数据

1. 大数据的定义

"大数据"（Big Data）一词起源于 Apache 软件基金会的开源项目 Nutch，是指为了对网络搜索索引进行更新而需要批量处理或分析的大量数据集。大数据通常被认为是一种非结构化数据，具有数据量庞大，数据形式多样化的表现形式。大数据包含了多种含义和象征，已应用在很多不同的领域之中，从科学领域到商业领域，从政策领域到艺术审美领域。科学家和计算机工程师对这一现象进行了总结和创新，称它为"大数据"。

大数据，又称作巨量资料，即是大规模、长期持续地测量、记录、存储、统计、分析所获得的资料量规模大到无法通过传统 IT 技术和软硬件工具，在可容忍的时间内达到感知、管理、处理和服务的数据集合。这也需要具备更强的决策力、洞察力和流程优化能力以处理海量的、多样化的信息资产。

美国国家标准和技术研究院（NIST）也对大数据做出了定义："大数据是指其数据量、采集速度，或数据表示限制了使用传统关系型方法进行有效分析的能力，或需要使用重要的水平缩放技术来实现高效处理的数据"。

2. 大数据的意义与作用

人们正生活在一个大数据无处不在的时代，拥有着多到难以想象的数据信息，大到国家，小到个人每分每秒产生和获取的数据。如 1 分钟之内，新浪微博发送数万条微博，1 100 万条即时信息被发送，网上商城卖出了数万件商品，数以亿计的电子邮件被发送，等等。

● 随着传统互联网向移动互联网发展，在全球范围内，除了个人笔记本电脑、平板电脑、智能手机等常见的移动设备外，更广阔的互联智能设备如智能汽车、智能硬件、智能家电、智能家居、工业设备和手持设备也都逐渐连接到网络当中，参与数据生产经济。大数据时代呈现了人们生活条件的转变，即一种当我们身边的任何事情都可以被量化、测量、分析甚至几乎可以永久储存的生活条件的转变。

● 随着大数据时代的到来和云计算平台的普及，专业的大数据分析软件和网络大数据采集系统也随之涌现，如 Google Charts、R 语言等，能够生成树图、流向图（Flow Map）、平行坐标（Paralle Coordinates）等各种图表。

● 计算机技术的飞速进步。数据是结构复杂、数量庞大、类型众多的数据的集合，包括非结构化数据、半结构化数据和结构化数据。由于其规模巨大，所以无法由人工在较短的时间内采集、管理、处理、分析并整理成普通人所理解的内容，因而必须借助计算机技术进行一系列处理，使结果精准的同时节省时间，最终获得数据背后的信息与价值。

● 信息爆炸时代产生的海量数据和与之相关的技术创新，以计算机技术、互联网为代表的通信技术的持续创新和广泛应用使人类的数据化能力和范围快速扩张，能够被真实、快速测量和记录的数据量越来越多，而人们对事物、现象等的测量、记录也更加频繁和细致。

3. 大数据的特征

被誉为是"大数据先驱"的维克托·迈尔—舍恩伯格博士在《大数据时代》一书中提到大数据的 4V 特征，如图 2-1 所示。

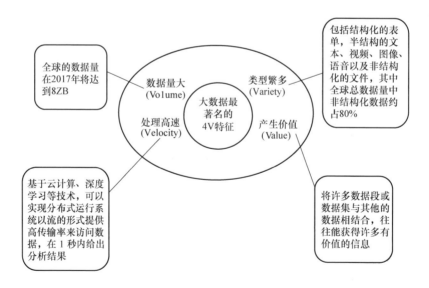

图 2-1 大数据的 4V 特征

4. 大数据应用

大数据应用，是利用大数据分析的结果，为用户提供辅助决策，发掘潜在价值的过程，如下列举大数据的典型应用。

（1）科学应用的演变

许多领域的科研都在通过高通量传感器和仪器获取大量数据，从天体物理学和海洋学，到基因学和环境学，无不如此。美国国家科学基金会（NSF）最近公布了 Big Data 方案征集，以便于信息共享和数据分析。一些学科已经开发了海量数据平台并取得了相应的收益。例如，在生物学中，iPlant 正应用网络基础设施、物理计算资源、协作环境、虚拟机资源、可互操作的分析软件和数据服务来协助研究人员、教育工作者和学生建设所有的植物学。iPlant 数据集的形式变化多端，包括规范或参考数据、实验数据、模拟和模型数据、观测数据以及其他派生数据。

（2）企业内部大数据应用

目前，大数据的主要来源和应用都是来自于企业内部，商业智能（Business Intelligence，简称 BI）和 OLAP 可以说是大数据应用的前辈。企业内部使用大数据的应用，可以在多个方面提升企业的生产效率和竞争力。企业内部的大数据应用如表 2-2 所示。

表 2-2　企业内部大数据应用

企业内部	大数据应用
市场方面	利用大数据关联分析，更准确地了解消费者的使用行为，挖掘新的商业模式
销售规划方面	通过大量数据的比较，优化商品价格
运营方面	提高运营效率和运营满意度，优化劳动力投入，准确预测人员配置要求，避免产能过剩，降低人员成本
供应链方面	利用大数据进行库存优化、物流优化、供应商协同等工作，可以缓和供需之间的矛盾，控制预算开支，提升服务
在金融领域	招商银行通过数据分析识别出招行信用卡高价值客户，通过对客户的交易记录进行分析，有效识别出潜在的小微企业客户，并利用远程银行和云转介平台实施交叉销售，取得了良好成效
在电子商务领域	淘宝数据魔方是淘宝平台上的大数据应用方案，通过这一服务，商家可以了解淘宝平台上的行业宏观情况、自己品牌的市场状况、消费者行为情况等，并可以据此做出生产、库存决策；阿里信用贷款则是阿里巴巴通过掌握的企业交易数据，借助大数据技术自动分析判定是否给予企业贷款，全程不会出现人工干预

（3）物联网大数据应用

物联网不仅是大数据的重要来源，还是大数据应用的主要市场。物流企业依靠物联网大数据应用取得一定成效，如 UPS 快递通过在货车上装有传感器、无线适配器和 GPS，实现了总部能在车辆出现晚点的时候跟踪到车辆的位置和预防发动机故障，以及方便了公司监督管理员工并优化行车线路。据统计，2011年，UPS 的驾驶员少跑了近 4 828 万公里的路程。同时，一个基于物联网大数据应用的热点研究项目——智能城市规划正在兴起，如图 2-2 所示为美国佛罗里达州迈阿密 - 戴德县基于物联网大数据的智能城市规划的样板。迈阿密 - 戴德县与

图 2-2　美国迈阿密戴德县：基于物联网大数据的智能城市的活样板

IBM 的智慧城市项目合作，IBM 使用云计算环境中的深度分析向戴德县提供智能仪表盘应用，将35种关键县政工作和迈阿密市紧密联系起来，在治理水资源、减少交通拥堵和提升公共安全方面，通过协作化和可视化管理帮助戴德县政府制定决策时获得更好的信息支撑。如该县公园管理部门因及时发现和修复跑冒滴漏的水管而节省了 100 万美元的水费。

（4）面向在线社交网络大数据的应用

自 21 世纪初以来，网络数据占据了全球数据量的大多数。如今，互联网已经日渐成为相互关联的页面的世界，充满了各种不同类型的数据，例如文本、图像、视频、照片和交互内容等。2004 年以后，在线社交媒体，例如论坛、网上群体、网络博客、社交网站，社交多媒体网站等，为用户创建、上传并分享内容提供了更便捷的方式，社交数据开始爆发式增长。此外，网络应用所产生的数据，不再仅源自互联网，移动网络和物联网也成为网络数据的重要来源。互联网和网站给各类组织机构提供了一个在线展示其业务并和客户直接互动的独特机遇。大量的产品和客户信息，包括点击流数据日志、用户行为等，均可以从网站上获取。这样通过采用各种文本和网站挖掘技术分析就可以实现产品布局优化、客户交易分析、产品的建议和市场结构分析。在线社交网络大数据主要应用在即时消息、在线社交、微博和共享空间 4 个方面。由于在线社交网络大数据代表了人的各类活动，因此，其大数据分析显得十分重要。通过基于数学、信息学、社会学、管理学等多个学科的融合理论和方法，为理解人类社会中存在的各种关系提供了一种可计算的分析方法。目前，在线社交网络大数据的应用包括网络舆情分析、网络情报搜集与分析、社会化营销、政府决策支持、在线教育等。如圣克鲁斯警察局是美国警界最早应用大数据进行预测分析的试点，通过分析社交网络，可以发现犯罪趋势和犯罪模式，甚至可以对重点区域的犯罪概率进行预测。

（5）医疗健康大数据应用

医疗健康数据是持续、高增长的复杂数据，蕴涵的信息价值也丰富多样。对其进行有效的存储、处理、查询和分析，可以开发出其潜在价值。对于医疗大数据的应用，将会深远地影响人类的健康。例如，微软的 HealthVault，是一个出色地应用医学大数据的公司，它在 2007 年发布的——管理个人及家庭的医疗设备中的个人健康信息，现在已经可以通过移动智能设备录入上传健康信息，而且还可以从第三方的机构导入个人病历记录，此外还可通过提供 SDK 以及开放的接口，支持与第三方应用的集成。

（6）群智感知大数据应用

随着技术的发展，智能手机和平板电脑等移动设备集成了越来越多的传感器，计算和感知能力也更加强大。在移动设备被广泛使用的背景下，群智感知开始成为移动计算领域的应用热点。大量用户以移动智能设备作为基本节点，通过蓝牙、无线网络和移动互联网等方式进行协作，进行感知任务分发，收集、利用感知数据，最终完成大规模的、复杂的社会感知任务。群智感知对参与者的要求很低，用户并不需要相关的专业知识或技能，只需拥有一台移动智能设备即可。

众包（crowdsourcing）是一种极具代表性的群智感知模式，是一种新型的解决问题的方式。宝洁、宝马、奥迪等许多公司都曾借助众包模式提升自身的研发和设计能力。众包已经被应用于语言翻译、语音识别、图像地理信息标记、定位与导航、城市道路交通感知、市场预测、意见挖掘等领域。在大数据时代，随着移动设备使用的高速增长以及移动设备提供的功能越来越复杂，空间众包服务（spatial crowdsourcing）将会变得比传统形式的众包服务更加流行，它将服务请求方获取与特定地点相关的资源，而愿意接受任务请求的参与者将到达指定地点，利用移动设备获取相关数据（视频、音频或图片），最后将这些数据发送给服务请求方。

（7）智能电网大数据应用

大数据在电力系统上的应用是智能电网，即将现代信息技术融入传统能源网络构成新的电网，通过用户的用电习惯等信息，优化电能的生产、供给和消耗。智能电网主要解决以下三方面的问题，如图 2-3 所示。

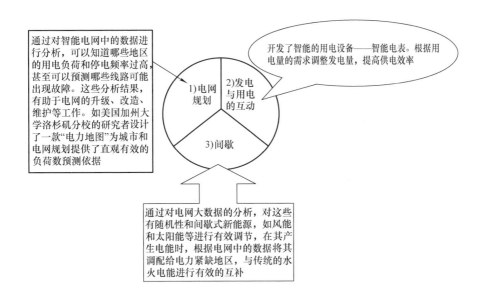

图 2-3　智能电网大数据应用

三、大数据分析常用软件工具

如表 2-3 所示，是大数据分析常用的软件工具。

表 2-3　大数据分析常用软件工具

项目	常用软件工具	特　　点	应　　用
1.传统分析及商业统计	电子表格软件 Excel	适合简单统计需求，其内置的数据分析工具箱不仅方便好用，功能也基本齐全。缺点是功能单一，处理数据规模小，不能进行海量数据分析，作图功能也相对较差	如：描述性统计、相关系数、概率分布、均值推断、线性、非线性回归、多元回归分析、时间序列等内容
	商业统计分析软件 SPSS	世界上最早采用图形菜单驱动界面的统计软件，提供了从简单的描述统计到复杂的多因素统计分析方法，如相关分析、聚类分析、因子分析以及多维尺度分析。但它做出的散点图中的点不能显示出分析对象之间的关联，因而缺乏直观性和明确性	在图书情报学领域中的应用主要用到了聚类分析、因子分析和多维尺度分析
	统计分析软件 SAS	相对于 SPSS 软件，它拥有强大的数据管理以及绘图功能，可以同时处理大批量的数据文件以及多达上万个数据变量。但它也存在着致命的缺陷，就是它的数据管理以及绘图功能都需要通过编程来实现，因此不利于一些非专业人员的使用	由数十个专用模块构成，功能包括数据访问、数据储存及管理、应用开发、图形处理、数据分析、报告编制、运筹学方法、计量经济学与预测等

（续）

项目	常用软件工具	特　点	应　用
2. 通用大数据可视化分析	Tableau	支持多种大数据源和可视化图表类型，拖拽式的使用方式	能帮助人们看清并理解数据，不同个体迅速且简便的分析，可视化和分享信息，能够将数据图片转为数据库查询，非常适合研究员使用
3. 关系数据分析	Gephi	从海量的数据中寻找出一定的相关性，寻找的就是非相关数据的相关性	主要用于各种网络和复杂系统，动态和分层图的交互可视化与探测开源工具，依赖于它的 APIs（应用程序接口），开发者可以编写自己感兴趣的插件，创建新的功能。适合数据研究人员的是一些可视化的轻量桌面型工具（比如信息传播图、社交关系网等）
4. 时空数据分析	NanoCubes	支持多维度、多粒度时空数据的实时聚合分析，可以对高维多维时空数据进行高效的存储和检索，提供对亿级时空数据的快速展示和多级实时的取索探分析	如新浪微博上亿用户发文的时间、地理分布、发布设备等，涉及各个维度上的聚合统计，并且在时间和空间维度还涉及不同的粒度

（续）

项目	常用软件工具	特　点	应　用
	Hadoop/Spark	需要借助编程来完成相关的分析	如新浪微博上亿用户发文的时间、地理分布、发布设备等，涉及到了各个维度上的聚合统计，并且在时间和空间维度还涉及到了不同的粒度
5. 大数据处理编程语言	R 语言	属于 GNU 系统的一个自由、免费、源代码开放的软件，它是一个用于统计计算和统计制图的优秀工具	最适合统计研究人员学习，具有丰富的统计分析功能库以及可视化绘图数可以直接调用
	Python	与 R 语言相比速度更快，Python 可以直接处理以 G 为单位的数据	在某些分析领域，Python 代替 R 语言的趋势逐渐显现

第二节　可视化的分类及其特点

一、基于显示方式分类

按照显示方式进行可视化技术分类具有很强的直觉性。一般将可视化技术按照显示方式分成五种类型，该五类技术为面向像素的技术、基于图标的技术、层次技术、基于图形的技术、几何投影技术，如图 2-4 所示。

1. 面向像素的技术。该类技术主要针对应用目的进行像素的排列，如圆形分段法、像素的排列。其中圆形分段法的具体内容见第三章。

2. 基于图标的技术，该类技术是将每个多维数据项映射为图形、色彩或其他图标来改进对数据和模式的表达，如有形编码（Shape coding）、颜色图标（Color icons）、脸图（Chernoff faces）、树枝图（Stick figure）、星绘图（Star glyphs）等。其中脸图、树枝图、星绘图的具体内容见第三章。

3. 基于层次技术，该类技术将 k- 维空间再细分并用层次方式给出子空间，如 n- Vision、多维重叠（Dimensional stacking）和树图（Treemap）。其中树图的具体内容见第三章。

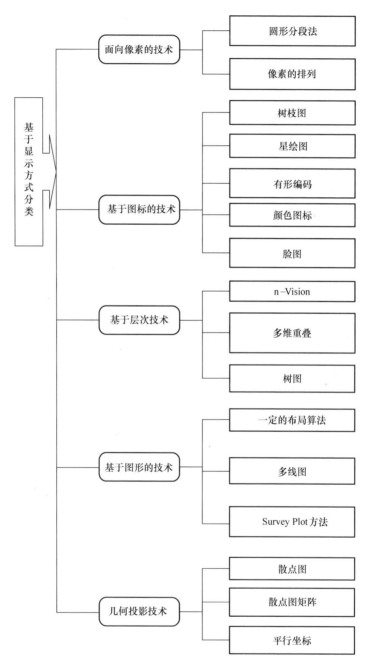

图 2-4 基于显示方式分类

4. 基于图形的技术，使用一定的布局算法、查询语言和抽象技术以图表形式给出数据集，如一定的布局算法、多线图、Survey Plot 方法。其中多线图、Survey Plot 方法的具体内容见第三章。

5. 基于几何投影技术，该类技术该通过使用基本的组成分析、因素分析、多维度缩放比例来发现多维数据集的有趣投影，适合对高维的、小规模数据集合进行可视化，如散点图、散点图矩阵、平行坐标等，具体内容见第三章。

二、可视化的特征与作用

表 2-4 所示为可视化的特征与作用。

表 2-4　可视化的特征与作用

特征	图　　示	作　　用
使用比喻	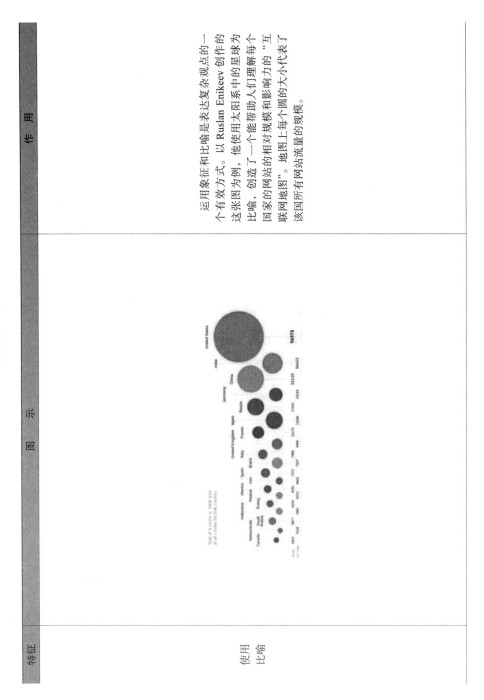	运用象征和比喻是表达复杂观点的一个有效方式。以 Ruslan Enikeev 创作的这张图为例，他使用太阳系中的星球为比喻，创造了一个能帮助人们理解每个国家的网站的相对规模和影响力的"互联网地图"。地图上每个圆的大小代表了该国所有网站流量的规模。

（续）

特征	图　示	作　用
数据背景		尼康的这款互动化网页旨在将碎片化信息整合到一个更大的背景当中，通过比较给用户一个对不同物体的大小更清晰的认知

（续）

特征	图　示	作　用
节约时间		它能够总结大量的信息，并且在此过程中省下省力。它收集了 2001—2009 年美国在不同道路上的交通事故，将事故按类型分类（行人事故、司机和年份等），并将所有信息都汇集到一张地图上。这个研究团队还制作了与之一类似的。把时间跨度为 9 年的数据归纳到一张可以在一分钟内读完的图里，还为每个阶段搭配了相应的音频

（续）

特征	图示	作用
启发观点	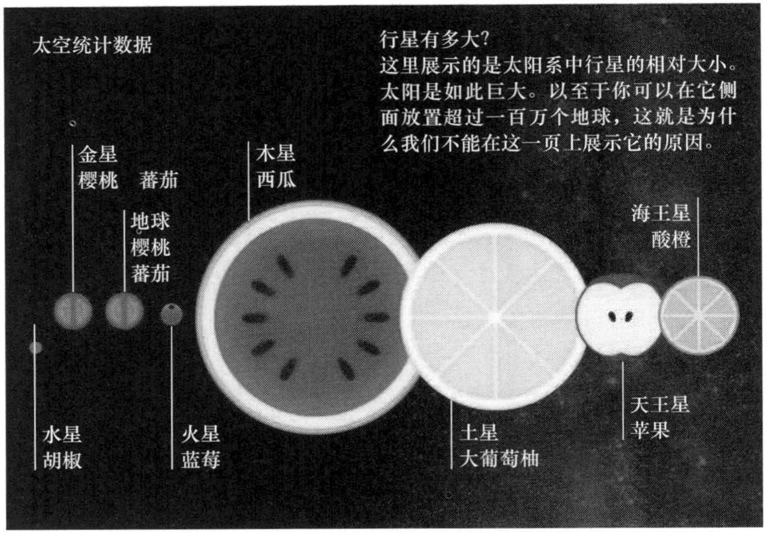	作为人类，我们不得不以我们自己为中心，从自己的角度出发来可视化例子，让我们从一个时间上更宏观的角度来解读我们生活的世界

（续）

特征	图　示	作　用
解释过程	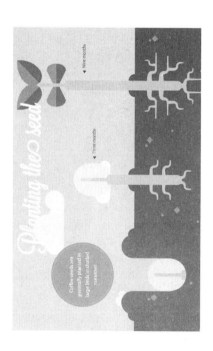	这幅信息图展现了一颗咖啡豆从种子到杯中的咖啡的过程。这一过程被分为几个部分用图像展现出来，复杂的过程变得简单易懂

（续）

特征	图　示	作　用
模拟理解		一幅好的信息图不仅能简化复杂的信息，而且能够模拟读者的想象过程，引发他们从不同的假设条件和可能性出发进行思考。正如，通过这个信息图使不可见的空气变得可见，这就是过尔玛卡尔提出的马里兰空气污染动态模型

（续）

特征	图 示	作 用
高颜值	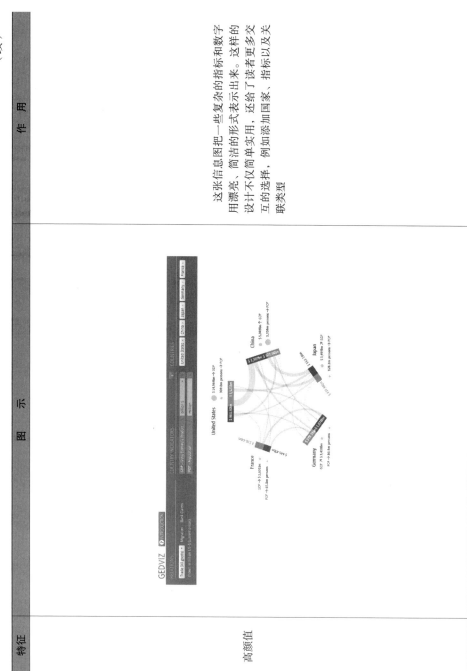	这张信息图把一些复杂的指标和数字用漂亮、简洁简单的形式表示出来。这样的设计不仅形式实用，还给了读者更多交互的选择，例如添加国家、指标以及关联类型

（续）

特 征	图 示	作 用
故事性	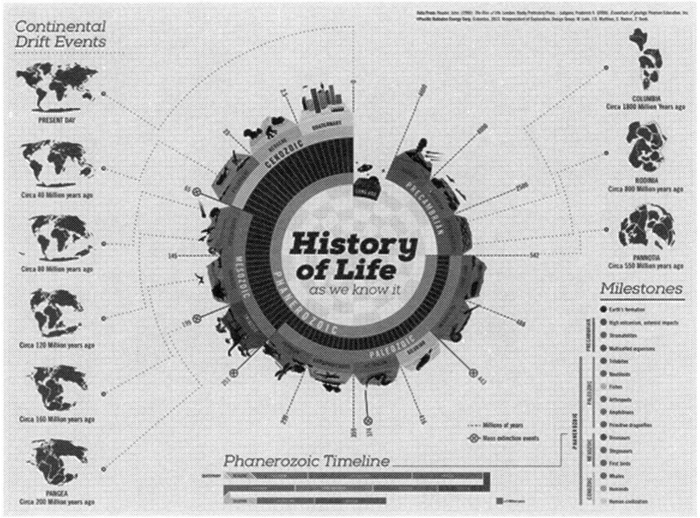	一个有效的数据可视化项目不仅能够用一种有说服力的方式传达信息，而且能够具有故事性。图示案例讲述了生活历史。这幅信息图故事化地展现了一系列无法被忽略的事实

（续）

特征	图 示	作 用
原始数据	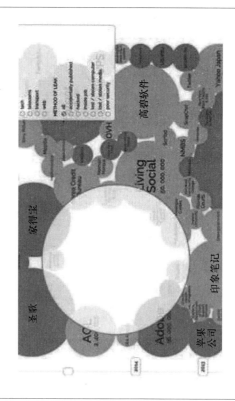	这个数据可视化案例不仅具备以上提到的所有特征，还给读者提供了所有的原始数据的链接（右上角）。用气泡表示数据泄漏的规模大小，直观地展现了数据泄漏的"全景图"。读者还可以操作不同的选项和原始数据来进一步获得想要的信息

（续）

特征	图 示	作 用
赋予权力		伴随着全球的信息民主化和自由化趋势，纽约时报的这一数据可视化项目帮助读者理解国家如何平衡国家财政。通过让每个使用者平衡财政，这个项目找到了一种集思广益解决国家重要问题的方式

（续）

特征	图　示	作　用
教育意义	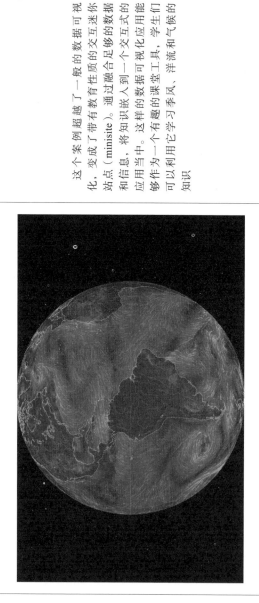	这个案例超越了一般的数据可视化，变成了带有教育性质的交互式迷你站点（minisite）。通过知识嵌入到一个交互式的数据和信息，将知识应用当中。这样有趣的数据可视化应用能够作为一个有趣的课堂工具，学生们可以利用它学习季风、洋流和气候的知识

第三章

数据可视化技术

第一节 可视化技术概述

数据可视化技术是综合了图形学、数据挖掘和人机交互等技术，以可视交互界面为通道，将数据库中的每一个数据项作为单个元素表示，并时时将数据的各个属性值以多维数据的形式表示，可以从不同的维度观察数据，对数据进行更深入的观察、分析、交互和可视化。

一、可视化技术的特点

一种优秀的数据可视化技术需具备以下特点：

1. 关联性

数据可以按其所在的不同维度，对其进行分类、排序、组合、关联和显示。在一定程度上表示对象或事件的数据的单个或者多个属性和变量进行关联。如可以将财务报表与销售报表进行关联，甚至可以让住房与饮料的销售量进行关联。

2. 可视性

通过数据接口可以用图像、曲线、三维立体及动画等多种方式来展示数据。展示后，专家立刻对其模式、关系和趋势进行进一步的分析。

3. 新颖性

应以一种崭新的视角观察数据，或是激发读者的激情从而达到新的理解高度。通常情况下，让人赏心悦目的设计并非是为了新颖而设计，而是为了更加有效而设计。

4. 充实性

对于数据可视化技术而言，其成功的关键是提供了获取信息的途径，人们可以借此增长知识。因此，判断整体成功与否最重要的因素是信息传递的能力，其主要驱动力就是要做好可视化设计。

5. 互动性

使用者可以方便地使用交互的方式管理和开发数据。

6. 高效性

有清晰的目标、传递一种信息或者提供一个特别的角度来表达信息。尽可能直截了当地访问这些信息，而不需要"牺牲"任何必要的相关复杂性。

7. 美感性

可视化应该有一个合适的长宽比，用尽量少的空间展示尽量多的信息，以便优化空间的利用。在图形设计部分，展示的数据尽量少一些。

二、根据要素维度的分类

根据要素的维度，可视化技术可分为单要素可视化和多要素可视化，用户可以根据知识深浅、任务类别、精度需求等选择合适的可视化形式。

1. 单要素可视化技术

元数据单个要素的可视化，可以采用传统的信息可视化方法，主要包括柱状图、圆饼图、折线图等形式。单要素可视化样式多样，结构简单，多用于数值型数据的显示和比较，非数值型数据则多采用映射的方式显示。

2. 多要素可视化技术

多要素可视化一般是指三个或三个以上要素的可视化，其表达形式要求既能清晰地反映大数据集的整体趋势，又能快速查找合适的数据。主要的可视化方法有：散点图矩阵、平行坐标法、星绘法等。

【实用工具】柱状图、直方图、条形图、折线图、区域图、圆饼图

2.1　柱状图（Column Chart）

柱状图是一种由平行排列的长方形柱组成的图表，利用长方形柱与数据数值成比例的关系表示数值大小，主要用来描述数值分布和比较数值的大小，能直观显示可用数据的完整信息。柱状图一般用于强调数据的比较关

系，即通过相邻柱之间的高度差，来体现不同类别数据的大小差异。在扩展的柱状图中，还可以将每个柱分成不同颜色的几个部分，具体配色方案由系统的用户界面部分决定，以同时显示更多信息。柱形图通常沿着水平方向组织类别，沿着垂直轴组织数值，适用于不同分类的绝对量数据的可视化，如图 3-1 所示。柱状图被广泛应用于数据统计和分析，例如，金融领域。

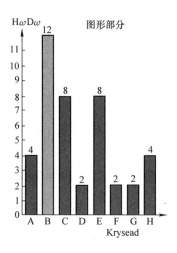

图 3-1　柱状图

2.2　直方图（Histogram）

采用基本柱形图来显示数据维、数据列值分布，是一种常用且有效的分析技术。其中直方图是一种特殊的柱形图，它们能够显示离散（非数字）和连续（数字）字段值比例。直方图又被称为频率图，将收集到的一组数据加以分组，沿着横轴以各组组界为分界，组距为底边，以各组出现的频次为高度，在每一组组距上画出一个矩形。

（1）常见的直方图类型（见图3-2）

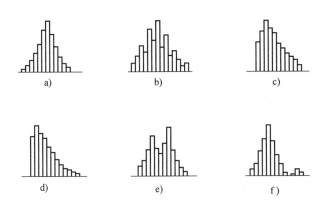

图 3-2　常见的直方图类型

a）标准型　b）锯齿型　c）偏峰型　d）陡壁型　e）双峰型　f）孤岛型

a）标准型：左右对称，这是正常情况下的形状。

b）锯齿型：数据分组过多，或测量读数错误。

c）偏峰型：由于产品尺寸为单侧公差，会对操作者造成心理影响。

d）陡壁型：工序能力不足，进行全数检验后的形状。

e）双峰型：均值相差较大的两种分布混在一起。

f）孤岛型：数据中混有少量另一分布的数据。

（2）直方图与公差标准的比较

1）当直方图在标准界限之内。

① 直方图充分满足标准的要求，形状无须作任何调整，见图 3-3a）；

② 直方图能满足公差要求，但不充分，图的两侧与标准界限之间没有间隙，稍有波动，就会超越标准界限，见图 3-3b）。

2）当直方图不满足标准要求。

① 直方图平均值向左（或右）偏离，致使超出标准界限，因此必须采取措施，使平均值回到标准中心，见图 3-3c）；

② 与直方图标准型相比偏差太大，左右两边都超出标准界限，因此必须采取措施，减少标准差（波动），见图 3-3d）；

③ 与直方图标准型相比既大又偏，这时要采取措施既减少波动又使平均值回到中心位置，见图 3-3e）。

（3）直方图的应用。在制造领域，直方图的功效主要体现在以下几点：

①测算过程能力；②计算产品的不良率；③检测分布形态；④制订规格界限；

⑤与标准值比较。

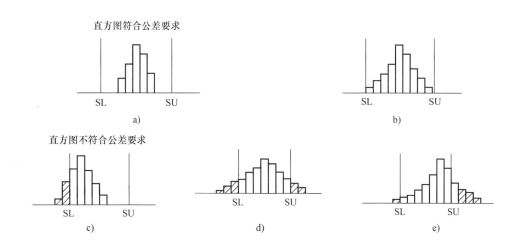

图 3-3　直方图与公差之间的关系

2.3　条形图（Bar Chart）

条形图在本质上与柱形图是相同的，只是 Y 轴换成了 X 轴，X 轴换成了 Y 轴，或者说长方形柱横向延伸时，即在水平方向延伸，柱形图也就成了条形图。条形图使各组数据之间的对比更为直观、简便。不同的数据集可采用不同的颜色或模式表示，条形图通常沿着垂直方向组织类别，沿着水平轴组织数值。如图 3-4 所示，为 1780-1781 年苏格兰一年间进出口贸易的情况。

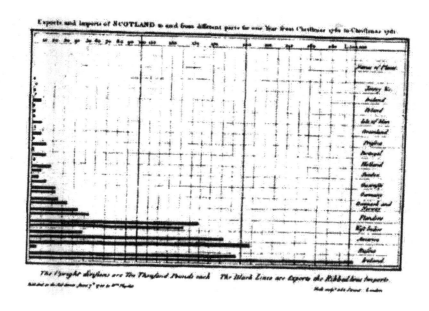

图 3-4　1780—1781 年苏格兰一年间进出口贸易的情况

2.4　折线图（line chart）

折线图用来描绘时间序列上的趋势，表示等间隔的时序数据，类别数据沿水平轴均匀分布，所有值数据沿垂直轴均匀分布。折线图是一种单坐标轴的图表，其可以将每个数据项表示为一个点，并通过线段将这些数据点连接起来，用多条不同颜色的折线，表现数据随时间变化的过程和趋势。因此，折线图非常适用于显示在相等时间间隔下数据的趋势。需注意：在绘制折线图的过程中，由于 X 轴的数据值可以是离散的也可以是连续的，如果数据是离散的数值，这就成为 X 轴上依次排列的位置标签，此时 Y 轴的数据值必须连续。如图 3-5 所示，是某零件尺寸统计数据情况。依据此图可以反映目前零件尺寸存在问题，可以针对问题的不同类型，展开对应分析，并提出对应的解决方法，最后解决问题。

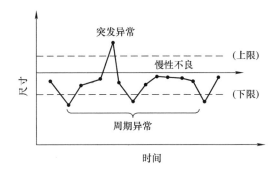

图 3-5　折线图

2.5　区域图（area chart）

区域图和折线图类似，也常用于时间序列数据，但是对折线和坐标轴之间的区域进行了填充，相当于结合了柱状图和折线图的特点。但与柱状图不同的是，区域中正负数值堆叠在一起。与折线图不同的是，当区域图中显示多个颜色的区域时，不同颜色的数据是累计叠加而不是分别映射的，这也导致在区域图中不能有效地编码具有负数值的项。区域图不需要在每个单元格内生成实际图形，在生成连接的部分，也不会生成线段，而是生成一个四边形的填充区域。因此，区域图主要用于反映在随时间变化的趋势中，各个类别所发挥的作用的大小。区域图如图 3-6 所示。

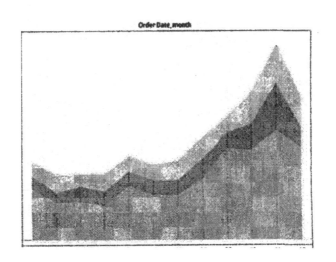

图 3-6　区域图

2.6　圆饼图（Sector Graph）

圆饼图也称为馅饼图、饼形图、扇形图。通过将饼分割成多个扇形来表现不同类别数据占总体的比例，以及它们之间的大小关系。适用于不同分类的比例数据的可视化。饼图更强调比例关系，而不是具体的数值，以满足特定的需求。另外，也可以将度量值编码到饼的大小上，以体现相邻饼之间总量的差异。饼图可以显示一个数据系列，每个数据系列有唯一的颜色或图案，并且会在图表的图例中显示。图 3-7 是家长偏向各种教育方式占比的圆饼图。

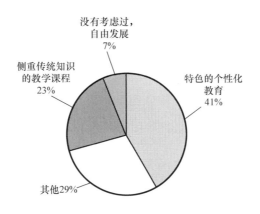

图 3-7　家长偏向各种教育方式占比的圆饼图

第二节　层次可视化技术

一、层次可视化概述

  层次数据是一种常见的数据类型，着重表达个体之间的层次关系，可以抽象成树结构，这种关系表达了包含和从属的关系。层次可视化（hierarchy visu-alization）技术的基本思想是将数据集合划分为若干子空间，对这些子空间仍以层次结构的方式组织并以图形表示出来。常用于描述数据库系统中具有层次结构的数据信息，例如生命物种、家庭关系、社会网络、计算机文件系统、磁盘目录结构、组织结构关系、人事组织、图书分类、系谱图、文档管理、文件目录、人口调查数据等和面向对象程序的类之间的继承关系等。

层次可视化采用不同的视觉符号来表现这种层次关系，这决定了层次化数据可视化的主要不同类别，不仅作为辅助管理层次信息的一种有效的抽象信息展现工具，能够帮助用户实现对信息的洞察而在信息中不迷失方向，并能快速准确地发现数据集中隐含的特征信息；而且在尽可能短的时间内，以最自然的方式对层次结构数据及数据项之间关系的理解，同时能够辅助信息的操纵，针对任务进行可视化分析，并解释现象，发现规律和制定决策。因此，在信息认知阶段，层次可视化技术被广泛应用于辅助理解和分析层次结构数据集，专门适用于呈现具有层级结构的数据的可视化技术，尤其强调对其中层次和包含关系的呈现，这对层次信息产生重大的意义，也为简单表现其他复杂结构信息提供了一条新途径。

二、层次可视化四大目标

由于层次可视化技术在层次结构认知与分析方面具有不可比拟的优越性，它逐渐成为信息时代人们分析和驾驭层次信息的有力工具。层次可视化不仅能够对层次结构进行简单图形映射，而且能够真实美观地反映层次信息的结构信息和内容信息。因此，为了设计一个好的层次可视化，必须做出所对应的设计目标。图3-8是层次可视化的四大目标。

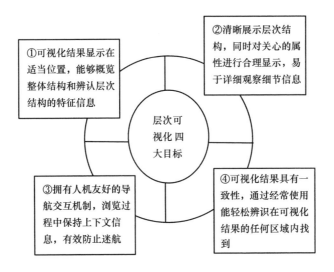

图 3-8　层次可视化四大目标

三、层次可视化的三种方法

层次可视化可以清晰地展示具有层次结构的数据。对层次结构组织的一个最容易的方法是将它们转化成一棵树。 树是一种常用的信息结构的表示方式，在图论中常常称其为层次树。多年的研究使得层次树类型的可视化技术发展出众多的具体方法。综观这些技术方案可以主要分为三种：节点链接法、空间填充法、混合法。

1.节点链接法

这是表现层次化数据的一种代表方法，也是最直观的可以表示树形结构的图式方法。它最简单易懂的就是基础正交布局，采用二维或三维空间中的点、球或其他形式的节点来代表数据中的个体，能用节点之间相连的线段或曲线段，较好地表示层次结构中的节点关系，便于人们理解整个信息集合中结构。为了更好地利用有限空间、最大限度地展示信息集合及其结构关系，人们陆续开发了一些其他基于节点连线式的层次可视化技术，这种方法直观清晰，特别擅长表示承接的层次关系。但是，当个体数目太多，特别是广度和深度相差较大时，节点链接方法的可读性较差——大量数据点聚集在屏幕局部范围，难以高效地利用有限的屏幕空间。由于点线间的空白浪费了大量屏幕空间，当数据量很大的时候，点线分支很快就会拥挤交织在一起，变得混乱不堪，会造成数据显示空间不足以及屏幕空间浪费；这时采用径向布局后，圆周的大小随层次深度的增加而线性增长，对于超大层次结构底层空间还是不够，会导致节点重叠；采用层次连接线束，将相似形状的连接线集中在一起构成线束，视觉复杂度大大降低，而节点间的连接关系更为清晰。主要代表技术有空间树、双曲树、径向树（hyperbolic tree）、圆锥树（cone tree）等，如表3-1所示。

表 3-1　节点链接法主要代表

方法		基本原理与特点	示例
节点链接法	空间树（2D）	采用"点散形式和收缩展开"方法实现层次结构的可视化为在有限可视区域中显示整体结构。空间树对层次结构的各分支做了相应的收缩和展开处理，根据子节点数目将收缩部分采用不同大小的三角形图标（称为预览图标）进行标注。此方法通过裁剪和筛选树型来显示用户关心的层次结构，因而无法显示提供整个层次结构的全貌	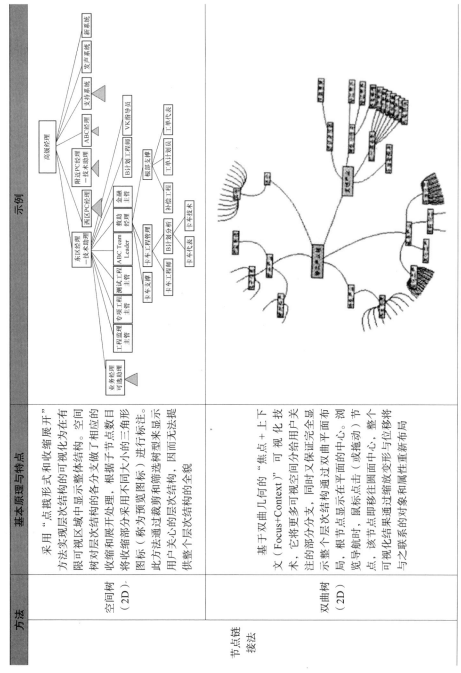
	双曲树（2D）	基于双曲几何的"焦点＋上下文（Focus+Context）"可视化技术，它将更多可视空间分给用户关注的部分分支，同时又保证完全显示整个层次结构显示在双曲平面布局，根节点显示在平面的中心。浏览导航时，鼠标点击（或拖动）节点，根节点即移往圆面中心，整个可视化结果通过缩放变形与位移将与之联系的对象和属性重新布局	

（续）

方法	基本原理与特点	示例
径向树（2D）	不同层次的节点被配置在若干个半径不同的同心圆上。根节点绘制在圆心处，点到圆心的距离对应该节点的深度，每棵树的子节点排布在同心圆的放射状楔形圆弧上，每一个双亲节点的各有自的楔形布局，从而避免子子树重叠。此法简单直观，但不能最优化利用有限的可视空间，且当根节点不在圆心时，深层节点较难观察，因此只适合子小而紧凑的层次结构	环状径向树法 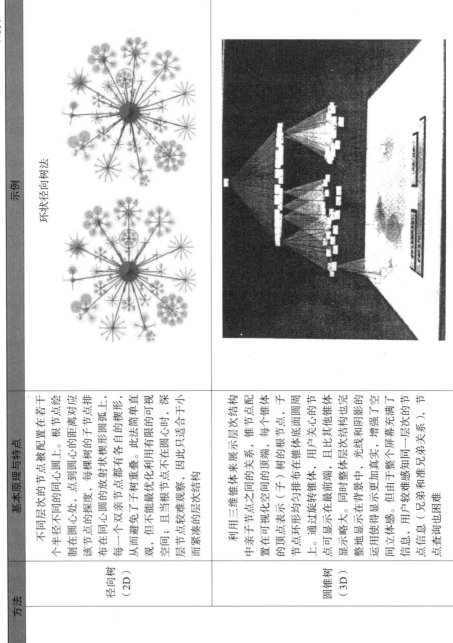
圆锥树（3D）	利用三维锥体来展示层次结构中亲子节点之间的关系，锥节点配置在可视化空间的顶端，每个锥体的根节点表示（子）树的根节点，子节点环形均匀排布在锥体底面圆周上。通过旋转锥体，用户关心的节点可显示在最前端，且比其他结构也完整地显示在背景中，光线和阴影的运用使得显示更加真实，增强了空间立体感。但由于整个屏幕充满了信息，用户较难感知同一层次的节点信息（兄弟和难兄弟关系），节点查询也困难	

2. 空间填充法

空间填充法由 Johnson 和 Schneiderman 在 20 世纪 90 年代初发明，是树
图（Treemap）从空间填充的角度实现层次数据的可视化。该方法用空间中的
分块区域表示数据中的个体，将整个层次映射到一个矩形区域，子节点之间的
层次关系用矩形嵌套的方式隐喻表达，通过子节点嵌套来描述树结构；子节点
的布局会展示所有内部节点的关系，对可用空间利用率达到 100%。和节点链
接法相比，空间填充法更适合于显示包含和从属的关系、子节点和层次结构的
可视化需求，且具有高效的屏幕空间利用率，可呈现更多的数据。但该法在表
达数据中的层次信息时不如节点链接法清晰，因受长宽比限制，当层次深度
较大时用户会有识别障碍，如采用 Voronoi 多边形取代矩形分割后，可以克服
长宽比的局限，但不易识别；如采用圆形代替矩形分割，直观易懂，但空间浪
费较大。在平面上实现的空间填充法主要代表分别是圆形嵌套（2D）、径向填
充（2D）、信息立方体（3D）等，如表 3-2 所示。

3. 混合方法

Jurgensmann 和 Schulzcing 对树结构可视化技术进行了总结和分类，并根据
实际需求，采用节点链接法和空间填充法等若干种可视化技术集合而成（如弹
性层次图，Elastic Hierarchies）或一些其他创新的可视化方法（融合节点链接、
空间填充和混合方法的 treevis），从而使认知行为更高效的一类层次可视化技
术，代表技术如弹性层次、层次网等，如表 3-3 所示。

表 3-2　空间填充法主要代表

空间填充法	基本原理和特点	图例
圆形嵌套 （2D）	用嵌套的圆形来可视化层次结构。用圆环（柱）的包围表示树的父子关系，圆环（柱）的位置，大小和颜色分别对应节点的不同属性。同层兄弟节点被布在同一圆环内该方法能很好地观察整个层次数据集，也能很容易查看分支和叶子节点信息，这样既能清楚表达复杂信息同题的层次关系，又合理展示其原型系统中还使用了缩进显示进行辅助，使用户能够快捷上手和方便交互	
径向填充 （2D）	将层次结构扇出（fan-out）成为若干个半圆盘，每个半圆盘所展示的层次数由用决定每一个半圆区域与它自身所占比例成正比点击左左半圆盘的任一目录，该目录的内容即显示在右边另一个半圆盘区域中对于下一个更深层次，点击右半圆盘的一个目录。右半圆盘缩回左视图，生出一个显示更详细的半圆盘，因而它适用于可视化大型层次结构该方法给用户较好的导航感和主动感，但过深的层次使导航的有效性降低，而且过宽的视觉将造成每个目录分配的区域过于狭小	
信息立方体 （3D）	主要借助用户熟悉的嵌套盒盒隐喻，使用半透明的着色可视化层次结构，由系统控制展示用户的复杂度嵌套盒的隐喻和层次结构的对应关系是显而易见的。最外层的立方体对应于根节点，其下层节点则用该立方体内的较小的立方体显示，依次深入用于每一个立方体都是半透明的。因而该立方体及其内部都可保持可见在虚拟现宴交互技术（Data Glove）的支持下，用户能够在 3D 信息空间中漫纵横导航	

表 3-3 混合方法的代表技术

混合方法	基本思想和基本原理	图例
弹性层次（2D）	在单一视图里用一种混合方法可视化层次结构和内容，能灵活配置和显示大型层次结构中的内容和结构。弹性结构的任意连通的子图，比如中间的层次，都可以收缩到一个树图中；或者也可以从这些树图中选择若干个焦点的思想，都可进行节点连接形式的展示，这种以不同视图展示焦点和上下文信息的思想与"焦点＋上下文"，较为相似。另外，弹性层次还能与其他可视化的思想一步组合，辅助信息的挖掘和知识的发现	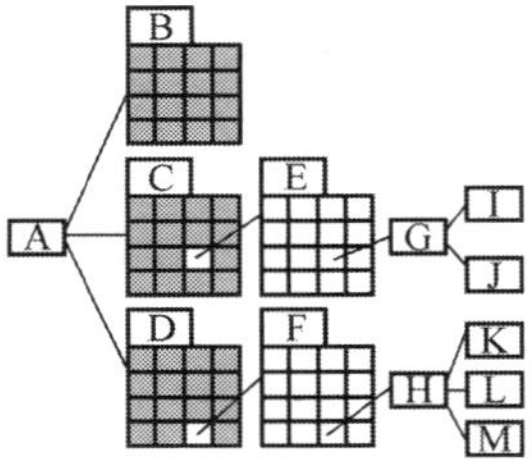
层次网（3D）	基于地形隐喻在 2D 平面上配置 3D 半球形组件，每一个组件代表一个子系统，可以清晰展示系统的整体结构和各组件之间的相互关系。这些关系通过颜色和粗细进行表现，物件的半球面进行半透明显示。物件的层次深度和其透明度成正比，所有物件均保持可见通过交互操作。用户可以清晰实时地浏览整个层次结构	

【实用工具】节点链接图、树图

1. 节点链接图

节点链接图是表现层次化数据的一种代表方法，最直观的可以表示树形结构的图式方法。它可用二维或三维空间中的点、球或其他形式的节点之间相连的线段或曲线段来代表个体之间的关系，也可以表现任意图结构。如图 3-9 所示，一个好的节点链接图应该满足尽量多的要求，且不同的应用侧重于不同的布局要求，能够较清晰地呈现出节点间的层次关系，能清晰直观地展现层次数据内的关系。但当用来表现层次化数据时，就退化为树形结构。

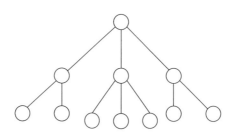

图 3-9　节点链接图

1）节点链接图画法

节点链接图画法要点如图 3-10 所示。

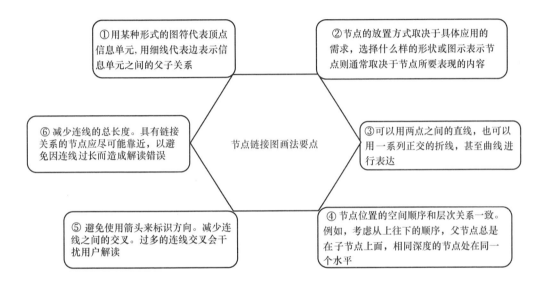

①用某种形式的图符代表顶点信息单元,用细线代表边表示信息单元之间的父子关系

②节点的放置方式取决于具体应用的需求,选择什么样的形状或图示表示节点则通常取决于节点所要表现的内容

⑥减少连线的总长度。具有链接关系的节点应尽可能靠近,以避免因连线过长而造成解读错误

节点链接图画法要点

③可以用两点之间的直线,也可以用一系列正交的折线,甚至曲线进行表达

⑤避免使用箭头来标识方向。减少连线之间的交叉。过多的连线交叉会干扰用户解读

④节点位置的空间顺序和层次关系一致。例如,考虑从上往下的顺序,父节点总是在子节点上面,相同深度的节点处在同一个水平

图 3-10　节点链接图画法要点

2）应用

如图 3-11 所示,MXview2.1 可支持 2000 个节点,并增强可视化功能。MXview 2.1 用户界面根据颜色来分辨不同的 VLAN 和 IGMP Snooping 组,这样逻辑性的网络架构一目了然。

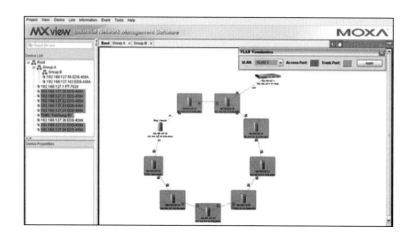

图 3-11　MXview2.1

2. 树图

树图是另一类层次数据可视化方法的代表，它使用具有一定面积的矩形块、矩形体之间的相互嵌套隐喻来表示层次结构里的节点以及父子节点之间的层次关系。此法可以充分利用屏幕空间——树图系列的嵌套环、块来展示层次数据，以利于在有限的空间内展示大量数据，并能够通过其节点的大小、位置重点表现数据节点的量化属性和分布关系，让用户快速地对整个数据的分布情况有所了解。最基础的树图采用交替纵横切分法，在高效利用有限空间里依次交替着被横切或者纵切，完整地展示大规模层次数据包含的语义信息，其中包括层次数据的结构和内容信息。采用正等分法（Squarified）可有效地改进视觉体验和可视化效果。树图组织比较适合用于层次结构不复杂的数据结构系统。树图对空间的利用率比节点链接更好，特别当处理大规模的层次结构时，可以在有限的空间生成令人满意的可视化结果。但数据个体间的层次、包含相邻关系不如节点链接图中呈现得明显。

1）树图画法

如图 3-12 所示是树图画法。

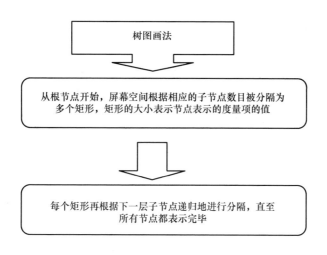

图 3-12　树图画法

2）树图法的实例

树图法直观、有效、易于实现，在现实世界中被广泛采用。2004 年推出的实时显示来自 Google News 的新闻的 ewsmap 系统，如图 3-13 所示。图中所有的新闻被分为不同的类别，如体育、娱乐、国际等，并用不同的颜色表示。采用矩形区域的面积和颜色凸显节点的某些属性，以便用户直观地观察比重较大的节点。矩形区域的面积大小、颜色深浅也表示新闻的时效性。

图 3-13　新闻树图

第三节　文本和文档可视化技术

随着文本信息的爆炸式增长，文本作为人类信息传递的主要媒介之一，其信息进入到我们日常的工作与生活之中，加快的工作节奏，使人们要通过阅读电子邮件、网络文档、科学杂志、商业计划、报纸文章、工作报告等文本数据来获取信息，这往往存在着或多或少信息理解速度滞后的问题，这对日常处理的信息尤为不利。正是在这样的背景下，文本可视化应运而生。除了通过合理组织提高文本本身的质量，文本和文档可视化通过对文本和文档感知和辨析可视图元，并进行分析，抽取其中的特征信息，然后结合自然语言处理等技术，产生更好的文本可视化方案，并将信息映射到易于感知的图像中。如此可以帮助我们对文本中蕴含的语义特征进行形象化表达。利用图像和图形在信息表达上的优势和效率，快速地从堆积如山的文档信息中获取我们需要的内容和知识。采用可视表达技术刻画文本和文档，生动地直观展示大量文本中隐含的信息和关系，以加快和增强人类对文本和文档的理解。如果与信息检索技术相结合，将能够可视地表达信息检索过程、传达信息检索结果。

一、文本内容可视化

通常，人们日常工作和生活中接触最多的电子文档是以文本形式存在。其中文本信息内容是大数据时代非结构化数据类型的典型代表，是互联网最主要的信息类型，也是物联网各种传感器采集后生成的主要信息类型。以文本内容作为信息对象的可视化即是文本内容的可视化。文本内容的表达包括关键词、短语、句子和主题，文档集合还包括层次性文本内容，时序性文本集合还包括时序性变化的文本内容。文本可视化的意义在于，能够将文本中蕴含的语义特征，如词频与重要度、逻辑结构、主题聚类、动态演化规律等直观地展示出来。本节主要介绍基于关键词、时序性文本内容和文本的语义结构可视化方法。

1. 基于关键词的文本内容可视化

关键词可视化指基于关键字词可视地表达文本内容。关键词是从文本的文字描述中提取的语义单元，可反映文本内容的侧重点。关键词的提取原则多种多样，常见的方法是词频，即越是重要的单词，其在文档中出现的频率越高。

根据文本不同的形态，可将文本内容分为以下两种。

第一种是标签云（Tag Clouds，又名 Text Clouds、Word Clouds）。这是最简单、最常用的关键词可视化技术，是一种文本数据的可视化方案，它直接抽取文本中的关键词，根据词频或其他规则进行排序，按照一定规律和约束整齐美观地排列在屏幕上，用大小、颜色、字体等图形属性对关键词进行可视化。典型的文本可视化技术是标签云。标签云使用标签来显示单词，并通过标签的颜色和字体的大小可视特征用于描述单词权重等信息，体现关键词于文本中的分布差异。目前，多用字体大小代表该关键词的重要性，以此对关键词进行展示。衍生的 Wordle 技术改进了空间布局，提升了美学效果。

第二种是文档散（Docu Bursts），又称旭日图法，该图采用关键词作为可视化文本的内容，还借鉴这些关键词在词汇中的关系来布局，从而描述出关键词之间的语义层次关系。为了从词汇间的语义层次角度可视地总结文档的内容，文档散（Docu Burst）采用以放射状层次圆环的形式解释文档，外圈词汇是里圈词汇的下义词，圆心处的关键词是文章所涉及内容的最上层。为了可视化展示文本聚类效果，通常将一维的文本信息投射到二维空间中，以便于对聚类中的关系予以展示。

2. 时序性的文本内容可视化

文本的形成与变化过程与时间属性密切相关，对于有时间和顺序属性的文本，文本内容具有有序演化特点。如一篇长篇小说具有故事情节的发展变化。为此，如何将动态变化的文本中与时间相关的模式与规律进行可视化展示，是文本可视化的重要内容。引入时间轴是一类主要方法——主题河流（Theme River），如图 3-12 所示，它是一个经典的可视化文本集合的主题，随时间变化的方法，将主题隐喻为时间上不断延续的河流，从左至右的流淌代表时间序列，即横轴表示时间，每一条河流代表一个主题。河流的宽度代表其在当前时间点内的文本主题中所占比例，其文本中的主题可以用不同的颜色的色带表示，主题的频度以色带的宽窄为主。这样用户既可以看出特定时间点中主题的分布，又可以看到多个主题的发展变化。

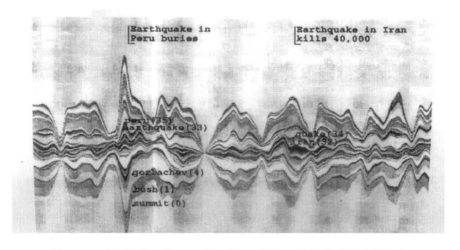

图 3-12　主题河流可视 1990 年 6 月 ~8 月间 AP 新闻数据的主题演变

3.文本的语义结构可视化

文本中通常蕴含着逻辑层次结构和一定的叙述模式，为了对结构语义进行可视化，如图 3-13 所示，建立在语义挖掘基础上，与各种挖掘算法绑定。将文本的叙述结构语义以树的形式进行可视化，同时展现了相似度统计、修辞结构、以及相应的文本内容，它可被广泛用于文本聚类可视化。

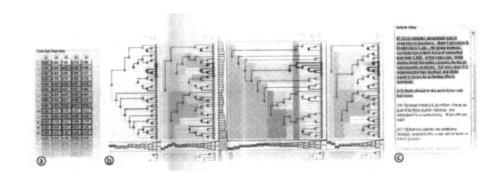

图 3-13　文本语义结构树

二、文本关系可视化

人类理解文本信息的需求是文本可视化的研究动机。基于文本关系的可视化目的是将文本或者或文本集合内蕴含的关系信息进行可视化描述，如文本内容的相似性、文本集合内容的层次性、文本之间的引用、网页之间的超链接等。

文本关系的可视化中，各种图布局和投影是常用的表达文本关系的方法。Scharl 等人提出单词树（Word Tree）从句法层面可视化表达稳步词汇的前缀关系。

文本信息的层级文本信息涉及文本档案、微博等。文本是语言和沟通的载体，文本的含义以及读者对文本的理解需求均纷繁复杂。例如，对于同一段文字，不同的人、事、主题是什么，有人希望了解文章中所涉及的人物等，这种就要求从不同层级提取与呈现文本信息。一个文档中的文本信息包括词汇、语法和语义三个层级，如图 3-14 所示。

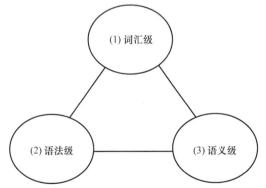

●包括文本涉及的字、词、短语，以及它们在
　文章内的分布统计、词根词位等相关信息。
●常见的文本关键字即属于词汇级别

(1) 词汇级

(2) 语法级

(3) 语义级

●语义单元的语法属性属于语法级信息，例如词性、单复数、词与词之间的相似性，以及地点、时间、日期、人名等实体信息

●深入分析词汇级和语法级所提取的知识在本中的含义。如文本的字词、短语等
●作者通过文本所传达的信息，如文档的主题等

图 3-14　文本信息的三个层级

此外，文本文档的类别多种多样，如对于一篇新闻报道，人们关注的信息特征、每一时间段的具体内容及其新闻热点的时序性变化。从文档内提取的深层次的关系，如文档内容的相似性、层次性等。文本关系的可视化中，各种图布局和投影是常用的表达文本关系的方法：

（1）基于图的单文本关系可视化

通过短语网络方法，采用节点链接图展示无结构文本中的语义单元彼此间的关系，用户可直观地总览文本中各个实体的关联关系。

（2）基于投影的文档集合关系可视化

采用文档投影技术呈现文档集合的关系，将所有文档按照其主题的相似性投影为二维空间的点集，主题越相似的文本投影在相近的位置，与主题相似的文本所对应的点位置越相近。文本集合存在着多种层面的信息和上下文，如时间、地点等。如图 3-15 所示，从 Facet Atlas 文本信息的内容与关系的角度出发，对于谷歌在线医疗健康文档中提取文档（包含的疾病名称、病因、症状、治疗方法等）中分析并解释了多层面的文本信息，每一个层面包含来自不同病例的实体信息。

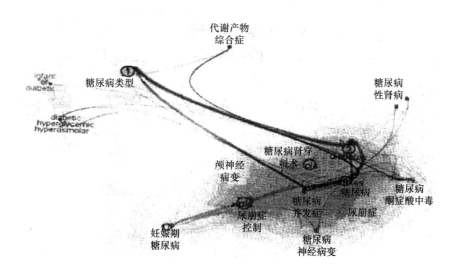

图 3-15　Facet Atlas 可视化医疗健康文档中关于 "diabetes" 的多层面信息

三、文本可视化流程

文本可视化的工作流程涉及三个部分：文本信息挖掘、视图绘制和人机交互，如图 3-16 所示。文本可视化是基于任务需求的，可视和交互的设计必须在理解所使用的信息提取模型的原理基础上进行。

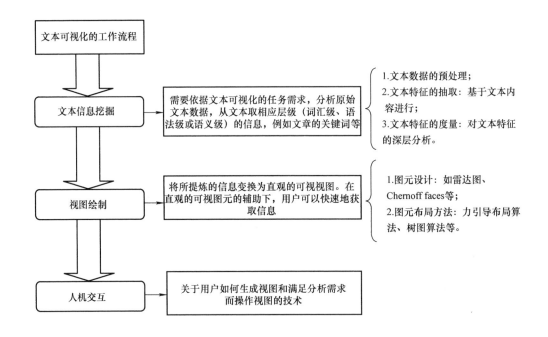

图 3-16 文本可视化流程

【实用工具】标签云、文档散法、单词树

1.标签云

如图 3-17 的标签云，典型的标签云有 30 ～ 150 个标签。通常标签云用于网站关键词的展示，其中应用于互联网的部分是快速识别网络媒体的主题热度。也可被广泛应用于各种文本可视化场景。

图 3-17　标签云举例

2. 文档散法

如图 3-18 所示，每一个词的辐射范围覆盖其所有的下义词。也可以用颜色的饱和度编码每个词出现的频率，高词频对应着高饱和颜色。此法适用于通过社交网络共享自身病例和医疗记录，可以测量自己的疾病发展程度，参考同病征的患者用药记录决定自己的用药治疗方案。

图 3-18　文档散法

3. 单词树

利用树形结构来可视化文本中的句子，用户感兴趣的一个词为树的根节点，原文中搭配在父节点后面的词或短语是子节点。字体大小反映了词或短语在文中出现的频率。如图 3-19 所示，利用单词树来快速推断单词记忆通用工具。

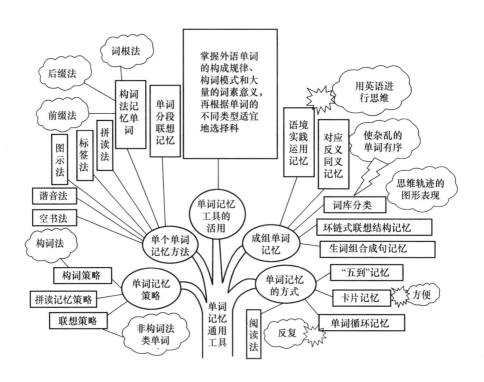

图 3-19　单词树

第四节　多维可视化技术

在一个三维物理空间世界中，需要解决的绝大多数抽象信息是三维以上的多维信息，因此，在现在的信息社会中，多维数据的可视化研究在于如何将多维数据映射到二维或三维图形空间中，以及采用何种交互技术，会方便用户与信息交互。多维数据可视化技术的目标是在低维空间中尽可能多地展示高维数据的信息和特征，让用户可以方便清楚地进行高维数据及其集合的理解，并为高维数据分析提供了一个有效的方法，通过将人的处理能力和计算机的展示效果相结合，使用户能够方便地进行高维数据信息分析，帮助用户进行决策判断。

多维数据可视化是指具有多个维度属性数据的可视化，多维信息是指在信息可视化环境中的、具有超过 3 个属性的信息，如金融信息、股票信息、数据仓库等。在本节中主要介绍多维数据可视化的常用方法，这些多维数据可视化方法根据其原理不同主要可以分为如下面几类。

一、基于几何的可视化技术

基于几何的可视化技术的基本思想是以几何投影的方式来表示数据库中的数据。即将高维数据映射到低维空间中，以点、线段或折线来表示多维数据之间的关系。基于几何可视化主要应用于可视化的数据维度较多的情况，易于发现其中的歧异点。但其数据量不能太大而且过于密集，这样不便观察且达不到想要的可视化效果。其代表性的可视化方法主要有平行坐标可视化、散点图可视化。散点图可视化是最常见的二维数据可视化，平行坐标可视化是应用最普遍的多维数据可视化。

1. 平行坐标可视化

为了解决高维多元数据在笛卡尔直角坐标系中很容易空间耗尽、难以进行可视化的问题，在 1985 年 Inselberg 提出了平行坐标技术。平行坐标（Parallel Coordinate）是展现多维度数据的一种有效的可视化分析工具。它用平行坐标取代了垂直坐标，利用几何投影技术在二维空间内显示 N 维数据的可视化技术。平行坐标可以解释数据在每个属性上的分布，还可以描述相邻的两个属性之间的关系，并根据等间距的坐标轴进行多维数据可视化的显示。但是由于顺序排列着平行坐标的坐标轴，非相邻的属性之间的关系表现就变得相对较弱，因此，不能同时表现多个维度之间的关系。如图 3-20 所示，是一个二维的平行坐标可视化示意图。

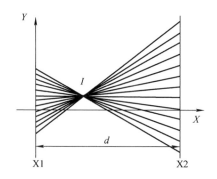

图 3-20　一个二维的平行坐标可视化示意图

表 3-4 是平行坐标可视化的优点和局限性。平行坐标可视化能够简洁、直观、快速地展示多维数据，被广泛应用在可视化、数据挖掘、过程控制、决策支持、近似计算和其他一些领域。但是由于其有局限性，只能用于对数值型变量进行可视化。目前对平行坐标进行了很多改进，如采用曲线代替直线增强可视化效果、基于平行坐标系的视觉混淆处理方法包括维度重排、交互方法、聚类、过滤、动画等。

表 3-4　平行坐标可视化的优点和局限性

项目	优点	局限性
平行坐标可视化	可以在二维空间中直观地表达数据关系，易于理解，能够使用户快速、简便地从传统直角坐标系转换到平行坐标系，并让用户在低维空间中对高维数据进行理解和分析； 直接用平行坐标轴进行数据的显示，没有对高维数据使用数据降维、变形等其他处理技术，所以用平行坐标可视化的结果不会产生数据的丢失和变形，可以保持数据完整性也可以体现数据的原始信息； 操作简单，很容易实现，对于高维数据的处理和展示有很高的效率	（1）当没有合适的平行坐标轴顺序的时候，高维数据的折线表现形式将是杂乱无章的，对用户分析数据信息和维度信息将产生一定的困难； （2）当高维数据集合的数量特别多时，引起垂直轴靠近，相互重叠，用户辨认数据的结构和关系稍显困难，增加了用户分析难度； （3）没有对维度信息和维度关系进行充分的展示，用户不能充分理解和判断维度之间的相互关系，不方便进行高维数据的分析； （4）缺乏交互性，用户不能操作高维数据可视化结果

2. 散点图可视化

散点图可视化技术是使用笛卡尔坐标系进行数据点显示，这种基于几何可视化技术的展示结果非常直观清晰，便于用户进行高维数据的理解和分析，是最常用的多维数据可视化方法。散点图被广泛用于商业软件中分析数据，它们非常流行并且用户对其非常熟悉。如表 3-5 所示，是散点图可视化的优点和局限性。

表 3-5　散点图可视化的优点和局限性

项目	优点	局限性
散点图可视化	（1）可以快速预览和分析数据集合，对于各种数据点都是适用的，不管是连续的数据集合还是离散的数据点，都可以应用散点图进行可视化； （2）通过将数据降维，用户可以观察到点的分布状态，得到数据的总体分布信息，还可以对数据之间的相关性进行大概估计，从而为用户进行数据信息的判断提供依据，更好地为用户提供服务； （3）简单方便易于操作，每一个人都可以很方便地将数据进行可视化显示，得到有用的数据信息； （4）可以方便快捷地看到数据信息中的异常点，对于数据信息异常处理保障数据的正确性有很大的帮助	（1）当数据集合非常大的时候，数据降维之后进行可视化会产生数据点的重合，从而使得用户在观察数据集时就很困难，用户没有办法清晰地理解和处理散点图可视化的结果，给用户做出正确的判断带来了不便； （2）如将数据在二维空间或者三维空间上进行展示，则没有办法了解高维数据每两维之间的关系； （3）在二维或者三维坐标系中建立的，图中每一个点代表一个数据，但是如果不加以处理，可视化结果不能区分不同数据之间的类别，且散点图可视化对维度信息展示比较少

3. 散点图矩阵

散点图矩阵由多个相邻的散点图组成，即将多维数据中的各个维度两两组合绘制成一系列的按规律排列的散点图，这是散点图的一种有效扩展。一种经典的两变量显示技术。散点图矩阵的组成元素，其每一个散点图通过行列索引进行区分。散点图矩阵就是对于 N 维的数据，采用 N×N 个散点图逐一表示 N 个属性两两之间的关系，位于第 i 行第 j 列的散点图表现了第 i 行属性与第 j 列属性之间的关系。即利用散点图矩阵，可以知道两个变量之间是否具有成对关系，数据当中是否存在孤立点以及数据当中是否存在聚类等问题。这样用户利用这种可视化技术可以清晰地展示维度之间的关系，对用户分析维度的关系有着至关重要的作用。

散点图矩阵的主要优点是在一定程度上克服了在平面上表示高维数据的困难，能快速发现成对变量之间的关系，但是如果给定数据集的维度太大时，每个单独的散点图可用的显示空间将非常小，同时屏幕的大小也会限制显示矩阵元素的数量；其次，缺少对任意多个散点图的对比支持，需要结合交互技术来实现用户对可视化结果的观察。散点图矩阵如果和其他可视化方法结合将增强显示多维数据的效果，如可以整合散点图矩阵、平行坐标系、Andrews 曲线来展示多维数据。

散点图矩阵被广泛地推广和应用于多维数据集合可视化。散点图矩阵画出多个变量的散点图以考察多变量两两之间的关系。图 3-21 展示了一种德国制造汽车五个性能参数的散点图矩阵可视化的效果。

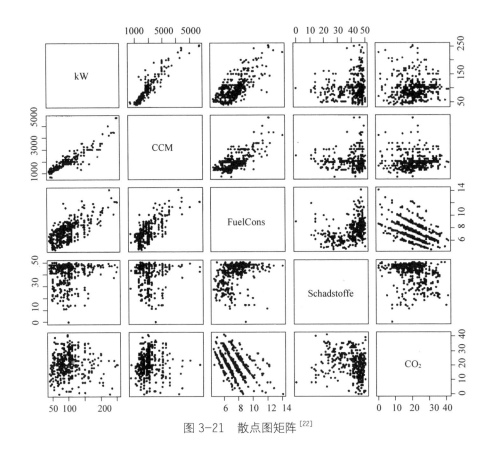

图 3-21　散点图矩阵[22]

【**实用工具**】平行坐标法、Radviz 方法、散点图、Andrews 曲线法

1. 平行坐标法

平行坐标法是表示多维数据关系的直观工具。其原理就是将 n 条等距离的平行轴映射 nn 到二维平面上，每一条平行的竖直轴线代表维度，通过在轴上刻划多维数据的数值映射为多条平行坐标轴上的点，并连接成多条线段。平行坐标法开发的系统包括 Parallel、Visual、Explorer 等。

1）平行坐标的绘制

平行坐标的绘制方法如图 3-22 所示。

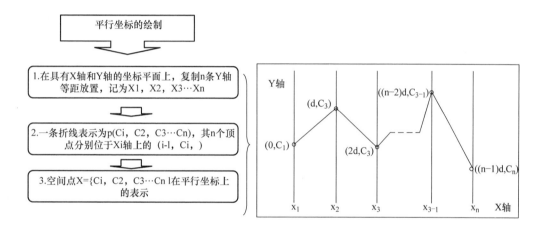

图 3-22　平行坐标的绘制方法

2）平行坐标显示汽车数据实例

图 3-23 用平行坐标显示了一个包含 20 世界 70 年代生成的 392 款汽车的 8 种技术参数，每条数据中记录了汽车的一些属性值（如 MPG、缸数、重量、加速度、位移、产地、功率、出厂年份等）。图中显示：缸数（Cylinder）数量较多的车，每加仑里程数（MPG）相对较少，但是功率较大；气缸较少的汽车，每加仑里程数较多，功率也比较小。

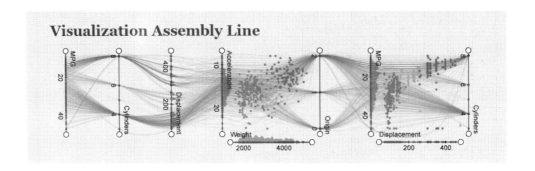

图 3-23　平行坐标显示了汽车数据

2. Radviz 方法

Radviz（radial coordinate visualization）是根据圆形坐标系而提出的多维可视化方法，可以使用圆形坐标系展示可视化结果，如图 3-24 所示，以圆心为起点，向外作 k 条射线段止于圆周，其中圆形的 k 条射线（半径）表示 k 维空间，使用坐标系中的一点代表多维信息，通过引入物理学中物体受力平衡定理，弹力平衡点即为一个多维信息对象在坐标系中的位置，将多维数据对象表示为坐标系内的一个点。Radviz 法与平行坐标系类似，当数据规模很大时，也易使用户产生视觉混淆现象，造成难以认知可视化的结果。

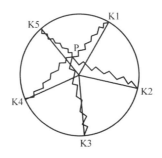

图 3-24　Radviz 方法

3. 散点图

散点图（scatter chart）是表示二维数据的最常用方法，将二维数据映射成二维坐标系中相应的点是散点图最简单的模式。即可将每个数据点的两个值分别映射到 X 轴和 Y 轴上，再按照颜色元素对应的维度项值和形状元素对应的维度项值确定每个点的颜色和形状。散点图的典型用途是比较成对的数据值。散点图常用于表现数据点的分布情况以及变量之间的相关性，可用来验证因果图中的特性结果及要因（原因）的关系，也可用来表示特性与特性间的关系。通过散点图可以比较容易地分析数据的关联和异常。

1）散点图的应用

（1）散点图可以用来发现两组相关数据之间的关系，并确认两组相关数据之间的预期关系。

（2）分析两组相关数据之间的关系主要是确认其相关性质，即正相关或负相关；相关程度，即强相关或弱相关。点子云的形态可以反映出相关的性质和程度。

（3）两个随机变量之间可能会有函数关系、相关关系和没有关系三种状态。其中函数关系可以看作是强相关的强度达到极限程度时的状态，故称为完全相关。而当弱相关达到极限程度时即为不相关，即两个随机变量之间无关系。六种常见的散布图如图 3-25 所示。

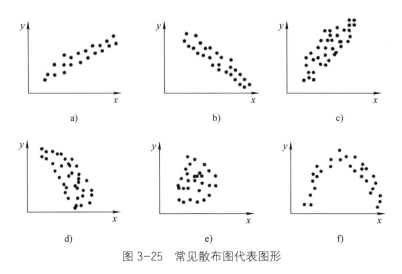

图 3-25　常见散布图代表图形

a）强正相关　b）强负相关　c）弱正相关　d）弱负相关　e）不相关　f）曲线相关

（4）对散点图可以进行定性分析，也可以进行定量分析。

2）散点图的实例

如图 3-26 所示，电视机的使用年限越长，其画面清晰度也就越低，也就是说，电视机的清晰度与使用年限是有关系的。这种关系称为相关，而要检定此种相互关系，散点图是很有效的工具。

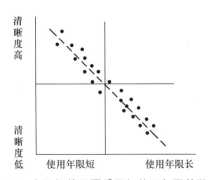

图 3-26　电视机的画面质量与使用年限的散点图

4. Andrews 曲线法

1972 年 Andrews 提出了著名的投影曲线法，如图 3- 27 所示是 Andrews 曲线法。它把多维信息投影到更小的子空间去进行绘制，即将多维数据的每一个数据项通过一个周期函数映射到二维坐标系中的一条曲线上，以二维坐标系展示可视化结果，并能表示较多的信息维数。用户通过对曲线的观察，能够感知数据的聚类等状况。

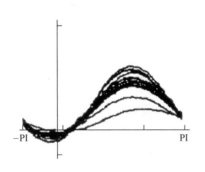

图 3-27　Andrews 曲线法

二、面向像素的多维可视化技术

面向像素技术的基本思想是按照数据维度划分屏幕，每一个屏幕代表一个维度，将每一维数据项的数据值映射到一个彩色的屏幕像素相对应，并用不同的颜色来代表每维属性值的大小。因为面向像素显示技术用每一个像素相应显示每一个数据值，如目前大概能够在同一屏幕上显示超过 1000000 个数据值。如图 3-28所示的可视化 6 维数据集，对于不同的数据属性以不同的窗口分别表示。面向像素技术就是利用递归模型、螺旋模型、圆周分割模型等方法分布数据，即根据不同目的采取不同的方法，在屏幕上安排这些像素，并尽可能多地显示出相关的数据项，这种可视化的方法适合可视化大型的数据集，可以一次性描述大量信息，并且不会产生重叠。对数据集的操作可以转换为对像素的操作，从而可以利用计算机图形学等相关领域的知识来进行分析。对输入的查询数据也能给出更丰富的

信息，便于用户从中发现隐含的关系。面向像素技术的可视化方法包含独立于查询的可视化方法和基于查询可视化方法两种，如图 3-29 所示。

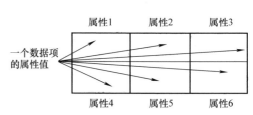

图 3-28　可视化 6 维数据集

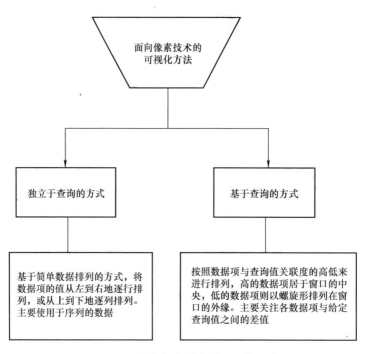

图 3-29　面向像素技术的可视化方法

【**实用工具**】圆形分段法

针对大型多维数据集的可视化提出来的圆形分段技术（Circle Segments Technique），它的涵义是将若干个子窗口部分改成扇形表示，组合为一个圆形，每部分对应一个属性。多维信息各属性数据仍然以像素为单位，在不同扇形区域内按照一定的顺序从圆心向圆周依次排列，在每部分中，每个属性值由一个有颜色的像素显示。其特点是通过改变像素在圆内的位置，可以比较多维信息的特性，以及在数据挖掘——分类的应用中，使用不同颜色标注不同类别的数据，能够得到某属性出现分支的区间，并且可以看出分支具体出现在何处。

（1）圆形分段法画法，如图 3-30 所示。

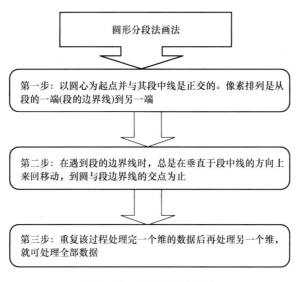

图 3-30　圆形分段法画法

（2）改进的圆形分段法实例。如图 3-31 所示，汽车数据集使用改进的圆形
分段法的可视化效果图（一段圆弧代表多维信息的某一属性，圆弧的灰度值表
示属性值）。

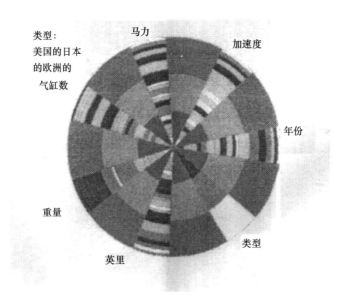

图 3-31　汽车数据集

图中如将数据按照分类信息由内向外排列，就能够发现多维信息集合分类
的决定维度。

三、面向图标的可视化技术

面向图标技术又称作图标显示技术，它的基本思想是定制一些三维几何对象（锥体、箭头等），这些三维几何对象被称为图标。然后用这个简单、易于识别特征的几何形状作为图标来表示多维数据的各个属性，即一组图标的每一个特征都可以用来表示多维信息的一维。图标的各项属性，如大小、颜色、形状等，通过这些由多维数据所组成的图标属性的映射来实现可视化效果。面向图标技术与面向图形技术的区别在于不是用整个图形来表示这个数据集，而是每一条记录都用一个小图标来表示，每条记录之间是相互独立的小图标。面向图标的可视化技术包括星绘图和脸谱图等。

早期人们可以用小的图标来表示所要展示的数据，根据展示数据的不同，改变图标的形状，之后 Kandogan 提出了星坐标的方法来表示多维数据。星坐标方法也称星绘法，它的基本思想是在二维平面的圆上以两轴之间有相同角度来排列坐标轴，原点是圆的中心，从圆的中心向外绘制呈辐条状发散的形状，如图 3-32 所示为星绘法。

当变量很多时，星绘法将无能为力。美国统计学家 H.Chemoff 于 1973 年最早提出用脸谱图（face graph）来表示多变量，即使用人脸大小、形状变化和脸部的器官的特征来表示多维数据维度和集合，按一定的策略进行排序，有助于由原始材料和直觉提出的最初的分组和由聚类算法产生的最终的分组，也有利于高效识别各个要素之间的关系或模式，从而实现数据更有效的可视化展示。

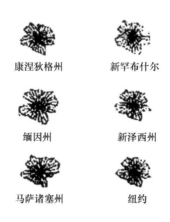

康涅狄格州　　　　新罕布什尔

缅因州　　　　　　新泽西州

马萨诸塞州　　　　纽约

图 3-32　星绘法

【实用工具】 星绘图、脸谱图

1. 星绘图

星绘法采用从一点向外绘制呈辐射的多条状发散线段代表数据维度，有多少维就有多少个辐条。辐条的长度表示变量的大小。

1）星绘图的绘制

星绘图与雷达图样式基本相同，主要是少了外围的圆周，都是将多维变量映射为长短不一的线段，如图 3-33 所示。

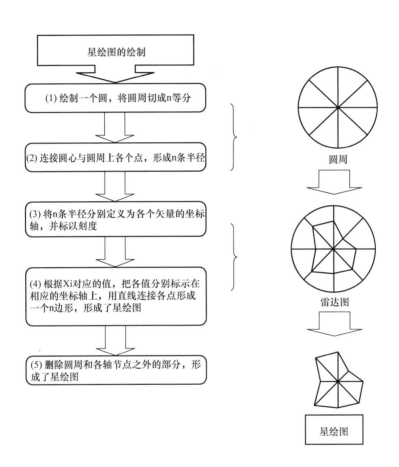

图 3-33 星绘图的绘制

2）星绘图的实例

一些实际的数据采用星绘图进行显示，可以对轴长和角度进行调整来实现数据的分类，这种方法对分析层次数据集特别有效。如图 3-34 所示，是通过星绘图来显示汽车数据。

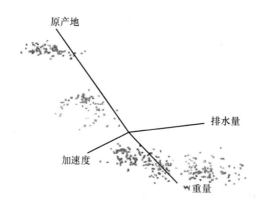

图 3-34　星绘图显示汽车数据

2. 脸谱图

脸谱图比星绘图复杂，适合于在大量相似数据中发现歧异点，或者根据表情对数据进行聚类。适用于维数不多的多维数据集，结果直观，在二维平面上具有良好展开属性，但适应度不够高，对于维度较大的数据进行展示存在一定的困难。

1）脸谱图的画法

H.Chemoff 提出脸谱图的画法，采用 15 个指标，各指标代表的面部特征为：1 表示脸的范围；2 表示脸的形状；3 代表鼻子的长度；4 代表嘴的位置；5 代表笑容曲线；6 表示嘴的宽度；7~11 分别表示眼睛的位置、分开程度、角度、形状和宽度；12 表示瞳孔的位置；13~15 分别表示眉毛的位置、角度和宽度。如图 3-35 所示。

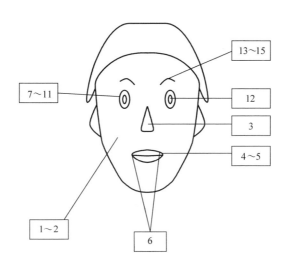

图 3-35　脸谱图的画法

2）脸谱图的应用

令人难忘是 1973 年绘制美国法官的评价脸谱图，如图 3-36 所示。较大的数值会以更多的头发或更大的眼睛的形式来呈现，而较小的数值则会对面部特征进行收缩。除了尺寸大小以外，还可以调整诸如头发高度、鼻子高度以及嘴唇曲线或脸型等其他面部特征。

图 3-36　美国法官的评价脸谱图

四、基于图形的可视化技术

相较于基于图标可视化技术用单一图标来表示数据，基于图形的可视化技术是用整个图形来表达多维信息及其相互关系。它的主要思想是利用将每一个维度设置成一条横向带，每一横向条带表示一个维度，各维度值的大小以这条横向带到条带底部的距离远近来说明，最后将不同的多维信息的每一维数值点用线段连接起来，展现结构相对较强的数据关系。在基于图标的可视化技术中，基于图形的技术往往会可视化呈现出一张完整的图形，图形中的点与线的类型、大小、颜色等都可以用来表示数据与数据之间的关系。此类技术有多线图、Survey Plot 方法等。这类技术适用面较广，可视化结果往往色彩丰富，易于理解。

【实用工具】多线图、Survey Plot 方法

1. 多线图

多线图是在平行坐标法的基础上改进得来的，可以把它看成是平行坐标法的一个变形，采用每一横向条带表示一维度，并以一点到条带底部的距离表示多维信息各维度值，再将不同多维信息每一维的数值点用线段连接起来。这样就能够表现出多维信息在各维度上的变化趋势。多线图在低维数据集上被广泛使用，如有学者通过基于图形的可视化技术，将汽车行驶的多维数据（包括时间、地理坐标、行驶速度、行驶方向等）可视化地呈现在一个平面坐标系中，如图 3-37 是汽车数据集使用多线图方法的可视化效果图。

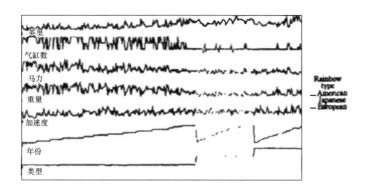

图 3-37　多线图方法

2. Survey Plot 方法

Lohninger 借鉴多线图及平行坐标法的思想，提出了 Survey Plot 方法。对于不同维度的多维信息对象，以对应平行轴为中心，按照某特殊维度的顺序排列在平行轴上，其线段长度根据该维度值确定。该方法可以展示任意二维属性之间的关系。在数据挖掘应用中，通过颜色对不同类别的数据进行标注，可以发现准确的分类规则，如图 3-38 所示，汽车数据集使用 Survey Plot 方法的可视化效果图。

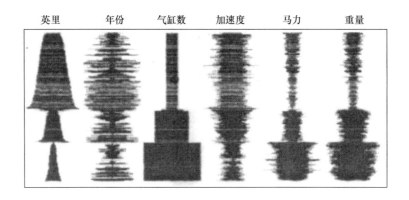

图 3-38　Survey Plot 方法

五、动画的多维可视化技术

由于具有直观和引人入胜的特点，如图 3-39 所示，动画主要用来提升交互性和理解程度，其已经被广泛应用于用户界面中。

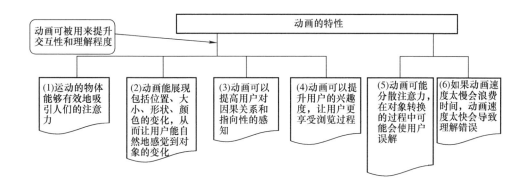

动画的特性

动画可被用来提升交互性和理解程度

(1)运动的物体能够有效地吸引人们的注意力

(2)动画能展现包括位置、大小、形状、颜色的变化，从而让用户能自然地感觉到对象的变化

(3)动画可以提高用户对因果关系和指向性的感知

(4)动画可以提升用户的兴趣度，让用户更享受浏览过程

(5)动画可能分散注意力，在对象转换的过程中可能会使用户误解

(6)如果动画速度太慢会浪费时间，动画速度太快会导致理解错误

图 3-39　动画的特性

随着计算机技术的不断发展，传统的动画技术不仅可以用于简单的结果显示，而且目前可采用不同的电影动画技术以及标量可视化模型来表示多维信息，增强人与信息的互动，多维度地展现各种形式的信息，并能够根据已知数据进一步发现数据中隐藏的或者不可预测的重要信息。在有效地理解、快速地传播信息方面，对于信息视觉化的表述，更是发挥着重大作用，显示出动画技术在多维信息可视化技术方面强大的功能，对信息的整合及改变信息呈现方式具有的深远影响。

目前，研究人员已经将动画技术引入到多维信息可视化领域，不仅采取包括增加入场动画、交互过程的动画、播放动画等方式，而且使用梯度可视化动画模型，即一个可以激活多维变量数据梯度场的动画模型，可以被一个线性列表型语言描述并取得一定成效。如何设计动画以方便用户的理解，这是近来研究者关注的话题之一。研究者开始利用动画使不同状态下的转换容易被理解，如利用动画动态地展示树的枝叶展开和折叠的情形，动画也被应用于统计图表中，如数据标记的动态展现、从堆积面积图到散点图变形和转换等。

【实用工具】动画技术

在计算机动画应用到数据可视化时，则是在计算机图形学生成图形的基础上延伸出另一维度（例如时间）的轴向，再在连贯的轴上呈现相关图形图像从而呈现一种动态过程。很明显，计算机动画是时间序列分析和时序数据趋势呈现的有力工具。它是按照时间顺序以一定的时间间隔显示的一系列图形，在表现数据的多维属性随时间的变化趋势时，不仅有助于观察者对总体趋势进行把握，而且便于对不同时刻或时间段的细节进行理解。这种动态过程比任何静态的表达都具有更强的表现力、传达力、说服力、吸引力，并能为用户带来更好的沉浸感。

如图 3-40 所示，用动画进行交通流速度可视化，可以分析其总体变化趋势和每个方格的变化情况。图中有 3 帧图片，每帧图片相隔 1 小时，用圆形符号表示方格区域内交通流的速度，其符号大小表示当前速度与参考速度（图中参考速度为 30km/h）之差（速度之差 >0 用空心圆表示，<0 用实心圆表示）表示城区交通流中位速度的变化情况。

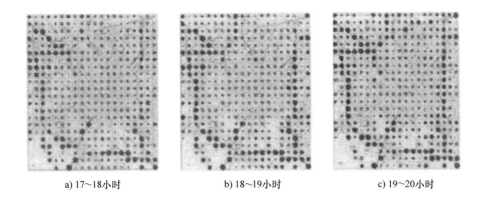

a) 17～18小时   b) 18～19小时   c) 19～20小时

图 3-40　交通流速度可视化

第五节　时间序列数据的可视化

时间是一个非常重要的维度，各种数据所反映的客观现象和事件总是发生在一定的时空中。任何随时间而变化的数据被称为时序数据，将时序数据按时间轴排列便形成了时间序列。时间序列（Time Series）是指随时间变化的序列值或事件，时间序列中各个值的大小是多种不同因素共同作用的结果。如在一段时间内受基本因素的影响而重复出现的波动或受到测量误差、突发或偶然事件和其他无法解释的因素引起的噪声或随机扰动。

时间序列数据库是指由随时间变化的序列值或事件组成的数据库。这些值或事件通常是在同等时间间隔测得的。对时间序列数据预测一般使用指数平滑法。该方法产生于 20 世纪 50 年代，根据时间序列的态势具有稳定性或规则性，指数平滑法就是对历史数据进行加权的移动平均运算，给予较近的数据更大的权重。该方法因具有操作简单、性能优良、适应性强等优点，被广泛应用于各领域。

时间序列数据分析的目的在于找出系统性成分和量化噪声水平。系统性成分可用于预测，噪声的大小则决定了预测结果的不确定程度。当前的时间序列数据分析技术主要包括随机时序数据分析、状态空间重构和神经网络等。其中随机时序数据分析以随机过程理论作为其数学基础，试图通过对时序数据进行分析，完成对时序系统的预测、建模和控制。通过对时间序列数据进行分析，从中获取所蕴含的关于生成时间序列的系统演绎规律，以完成对系统的观测及其未来行为的预测，这在工程应用中具有重要的价值和意义。

把时间序列数据以可视化的方式直观表现出来，可帮助人们观测数据的特征，发现潜在的模式，识别序列中的系统性成分，发现诸如极端值、突变点和缺失值等非系统性成分。表 3-6 显示了三种常见的时序型数据——普通时序图，径向分布时序图，热度时序图的特点和图例。

表 3-6 三种常见的时序型数据

三种常见的时序型数据的作图方法	定义	特点	图例
普通时序图	采用二维坐标图的方式来表达，通常以时间为横轴，对应时间点的取值为纵轴	在具体表现形式上可以是散点图、柱状图、面积图、折线图等。其横轴表示时间，纵轴表示对应时间点的特征属性值。这种作图方法很容易表现数据的时序特征，却较难表达数据的周期特征	
径向分布时序图	该图也称作螺旋时序图，它将时间序列沿着圆周方向（顺时针或逆时针），由里向外排列，一个回路代表一个周期。用户可通过观察不同周期的可视化结果来发现数据集的周期特征	时间序列按逆时针方向排列，周期为 24（小时），对应时间点特殊属性值编码成不同颜色。这种作图方法通过选择合理的周期长度，很容易表示数据的周期特征	
热度时序图	将时间序列按行列方式排列，排列的方式分列优先方式和行优先方式，列优先方式以列为周期，数据按照列的方向以列为依次排列；行优先方式以行为周期，数据按照行为周期，行方向以行依次排列	周期为 24（小时），对应时间点的特征属性编码成不同颜色（采用热度发散成色板）。这种作图方法较为简单，容易表示数据的周期特征，但由于相邻周期的头尾不衔接，头尾位置的表达力较差。	

如图 3-41 所示，时序数据预测示例，框内为预测值。可以看到，预侧值确实比较契合之前几年的数据变化趋势，同时反映了长期趋势和季节性变化的影响。

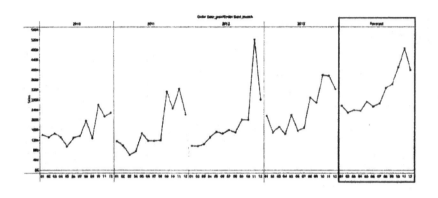

图 3-41　时序数据预测示例

【实用工具】线形图、堆积图 、地平线图 、时间线

时间序列数据是指具有时间属性的数据集，针对时间序列数据的可视化方法有以下几种。

1.线形图

线形图是时间序列可视化中最普通的方式，使用点的位置代表时间发展和数据值。对于有多个时间维度的数据可以为每一个时间维建立一个图表，让图表垂直和水平对齐，以方便用户比较事件的趋势。图 3-42 所示是用线形图表示的数据可视化简明史。

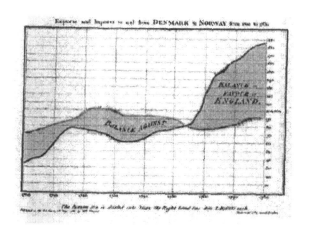

图 3-42 线形图

2. 堆积图

图 3-43 所示是堆积图，它是对时间序列数据累积形式的展现，可以观察序列的总和。堆积图虽然能够有效地显示序列总和模式，在时空立方体中拓展多维属性显示空间，如柱状堆积图能够清晰直观地表达出某一类中各个部分所占的百分比，在科研图表制作中扮演着重要角色。但是当时空信息对象属性的维度较多时，三维也遇到了展现能力的局限性，难以进行每个序列的比较，处理含有负值的数据较差。

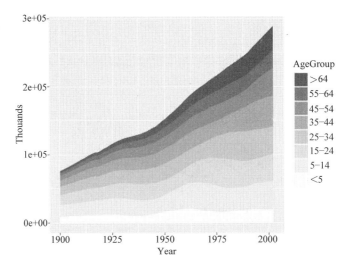

图 3-43　堆积图

3. 地平线图

如图 3-44 所示，随时间的演变情况，地平线图可以展现数据的变化率，并通过颜色来加深正向变动和负向变动的效果。

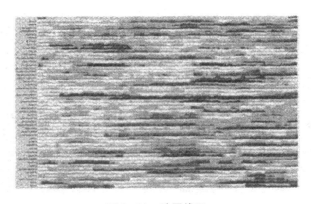

图 3-44　地平线图

4.时间线

时间线是指以时间轴为水平轴线，将数据信息以图标或图片的形式按时间顺序置于水平轴坐标系内。时间线用于多维数据的可视化中，如在 1765 年，Priestley 用时间线的方法描述了从公元前 1200 年到公元 1750 年间的 2000 位著名人士的生命期内的事件。时间线也被用在了医疗记录和犯罪记录中。但是，由于时间范围过长，难以在长度有限的时间轴上全面展示重要的细节。为此，Jensen 通过将多维时间轴以堆叠和链接的方式来展现不同时间线的事件之间的关系。图 3-45 所示是 iPhone 发展时间线。

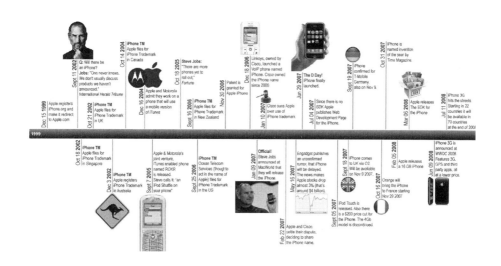

图 3-45　iPhone 发展时间线

第六节　网络数据可视化

　　随着大数据时代网络节点的增加和数据量的增加，网络数据复杂度大大增加，网络数据所具有的关系比层次数据更加复杂，对网络数据的理解也更加困难。现代信息社会对理解网络数据的需求也日益增加。

　　网络信息可以通过节点的形式与其他任意数量的节点之间相互关联，各个节点之间包含着多个属性。全部网络运行的最优化，需要有效地使用所有信号源，而且需要在诸如市场、网络规划和日常管理等传统领域之间，进行信息和思想的动态交换。网络可视化可以帮助人们理解信息空间的结构，快速发现所需要的信息。覆盖物理网络的是一个包括声音、数据和图像服务在内的广阔领域，其中每一项都有自己的数据和管理要求。

　　网络数据具有网状结构，如互联网网络、社交网络、合作网络及传播网络等。自动布局算法是网络数据可视化的核心。网络数据不具有自底向上或自顶向下的层次结构，因此表达更加自由。目前主要方法有弧长链接图法、桑基图法和力导向布局图法。

　　1. 弧长链接图法

　　弧长链接图法，即一种节点链接法的变种，采用一维布局方式，仿真物理学中力的概念来绘制网状图，如图 3-46 用弧长链接图描述《悲惨世界》中的人物关系图谱效果。图中节点沿某个线性轴或环形排列，使用圆弧表示节点之间的链接关系。

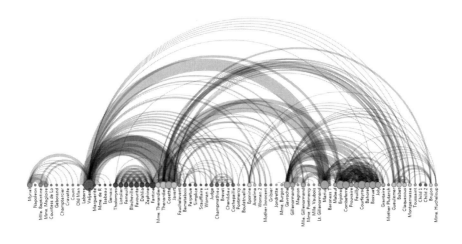

图 3-46 《悲惨世界》中人物关系的弧长链接图

2. 力导向布局图法

力导向（Force-directed）布局算法是计算简单图布局中最灵活的方法之一。力导向布局图，用节点表示对象、用线表示关系的节点 - 链接布局是自然的可视化布局。最早由 Peter Eades 提出了启发式画图算法，目的是减少布局中边的交叉数量，尽量保持边长度一致。在启发式画图算法基础上，Fruch 提出了力导向图算法是一种具有较强的图结构表现能力的布局算法，又被称为"弹簧模型"。

从 1963 年 Tutte 提出使用力导向布局来绘制图开始，各种改进方案被用于优化图绘制。图 3-47 所示是基于欧几里得几何的力导向布局图。大部分的基础力导向算法都只能应用到规模比较小的图。19 世纪末期出现了一些改进技术使得力导向算法可以处理包含上万甚至几十万个节点的大图。这些方法的一个共同的特点就是使用多级别布局技术，通过使用一系列较小的结构来表示完整的大图，然后从简单到复杂进行反向布局。

一是导向布局（force-directed layout）；二是分层布局（hierarchical layout）；三是网格布局（grid layout）。很多研究是基于以上布局算法的应用或者是对以上算法的进一步优化。在网络数据的可视化中，当数据节点的连接很多时，容易产生边交叉现象，导致视觉混淆。解决边交叉现象的集束边技术可以分为以下几类：力导向的集束边技术、层次集束边技术、基于几何的边聚类技术、多层凝聚集束边技术和基于网格的方法等。经过优化，力导向图算法可以被应用于大规模图数据集的可视化场景。

图 3-47　力导向布局图

3. 桑基图

如图 3-48 所示的桑基图，可以通过节点和边的布局有效描述流量分布和节点之间的相互依赖关系。桑基图的主要构成元素有节点和边，一个节点可能有多条边，表示多个不同方向的进入流量和多个不同方向的流出流量。其中可视元素有节点长度、宽度、高度、颜色、标记，节点之间的距离，节点布局位置，边的宽度、颜色、绘制路径，线布局等其中宽度通常被用于表示流量大小，颜色可以表示流量类型或者类别，线布局需要保证多个边之间尽量少出现交叉且保持美观。

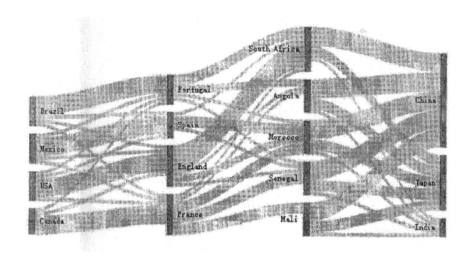

图 3-48　桑基图

早期的桑基图绘制是使用手工或者绘图工具完成的，处理简单流程逻辑时还可以满足需求，当流程变得复杂时则不能满足需求。

（1）桑基图主要被用于有向无环图的可视化，被广泛应用于网络流量或者流程中能量转移等场景的可视化工作。

（2）桑基图常用应用场景有：城市交通流量、水运网络中水流在不同管道中的流量、互联网中的信息流，在骨干网中的分布，以及国家财政支出去向等。

第七节　地理信息可视化

　　纸质地图一直以来都作为地理信息的传媒载体，其本身集数据存储与数据显示于一体，但很难直观表示许多事物和现象，并且不能很好地解释地理事物和现象形成、发展的原因，因此，在地学的研究中产生了一些不足。随着可视化技术在地理信息系统中的应用，形成了可视化地理信息，人们每天都会访问很多基于地理信息的数据，这些数据有不同的格式，并在数字地图、影像和其他图形的显示中来分析它们所表示的各种类型的空间关系，从而推断地理现象的成因和发展。同时，通过交通工具、掌上电脑、手机中的 GPS 接收器产生了很多关于地理的数据，如地理坐标精确到街道地址或者邮政编码等。地理信息可视化在现实生活知识构建和决策支撑上有很多的应用。总的来说，地理信息可视化有如下特点。

一、地理信息可视化的特点

　　（1）形象直观性：通过以生动形象的图形、图像、影像、声音、模型等多种表现形式，将某个地区的地理信息展现出来，以便使人们能够进行相关的图形图像分析和信息查询。

　　（2）多源数据的采集与集成性：通过运用地理信息可视化技术，可方便地接收与采集不同类型、不同介质和不同格式的数据，无论收集的数据形式是图形、图像、文字、数字还是视频，也不论它们的数据格式是否一致，都可以采用统一的数据库进行管理，由此为源数据的综合分析提供有利条件。

（3）交互探讨性：在大量的数据中，交互方式往往对视觉思维更有利，在研究分析的过程中，数据可以被灵活地检索，信息可以被交互改变。将多源信息集成整合在一起，用统一数据库进行管理，并同时具有较强的空间分析与查询的能力，从而方便了地学工作者采用交互方式进行多源地学信息的对比、汇总、分析等工作，并从中获得新的规律，以利于规划、决策与经营。

（4）时空信息的动态性：地理信息不仅仅是空间信息，其还具备动态性，即称为时空信息。随着计算机技术水平的提高、发展和时间维护的投入，可实现地理信息的动态表示和动态检索。

（5）信息载体的多样性：随着多媒体技术的发展，表达地理信息的方式不再局限于表格、图形和文件，还拓展到图像、声音、动画、视频图像、三维仿真乃至虚拟现实等，真实再现地理现象。

二、地理信息系统中的可视化过程

目前，地理信息系统中的可视化过程主要包括图形图像的生成和空间信息的查询。

（1）图形与图像的生成：地理信息系统中的图形图像不仅用于数据显示的二维图和三维图，其二维图和三维图是把各种二维或三维的地理空间数据经空间可视化模型的计算分析，转换为二维计算机屏幕上的图形图像，而且可用于对数据进行分析评价的可视化表达的散点图、直方图和条形图表等。

在地理信息系统中，通过在视图环境中同时建立某种地理对象的不同类型的图形、图像，实现对某种地理对象的可视化。与此同时，运用图形图像之间基于地理分析方法的形式，在同一视图中显示地图、图表、图形和扫描影像等，使它们彼此之间建立动态联系，更准确地表达地理对象的分布特点及不确定性，同时使另一图形图像中相应对象的对应特征高亮显示，从而为地物或现象的进一步分析提供条件。

（2）空间信息的查询：空间信息的快速查询是地理信息系统可视化功能最重要的组成部分，它主要是按照访问者的要求访问地理信息系统中所描述的空间实体及其空间信息，使用户可以通过交互式功能筛选出符合条件的信息。查询时，其结果能动态地通过两个视窗（图形窗和属性表格窗口）进行显示。在当前地理信息系统中比较常见的查询方式主要分为空间关系查询、基于空间关系和属性特征查询。例如，通过查询功能可以查询距离某个居民点 5 千米内的所有商店和超市，也可以查询某个商店或超市距居民点的距离。

三、地理信息可视化方法

表 3-7 所示是四种地理信息可视化方法的对比分析。

表 3-7　四种地理信息可视化方法的对比分析

名称	主要特征	优点与不足	适用范围
虚拟现实（Virtual Reality，简称 VR）技术	沉浸（Immersion）、交互（Interaction）和构想（Imagination）。与其他计算机系统相比，VR 系统可提供实时交互性操作、三维视觉空间和多通道的人机界面。VR 不仅使参与者沉浸于计算机所产生的虚拟世界，而且提供用户与虚拟世界之间的直接通信	对真实世界进行动态模拟，及时按照输入修改模拟获得的虚拟环境，使用户和模拟环境之间建立起一种实时交互性关系，进而使用户产生一种身临其境的感觉。但设备价格昂贵，三维建模繁琐，数据量巨大，易导致用户对 VR 系统产生排斥感	军事与航天工业中模拟训练、医学方面虚拟环境、工业仿真等
增强现实（Augmented Reality，简称 AR）技术	需要通过分析大量的定位数据和场景信息来保证由计算机生成的虚拟物体可以精确地定位在真实场景中，成像设备、跟踪与定位技术和交互技术是实现一个基本系统的支撑技术	可将虚拟对象与真实世界相结合，构造出具有虚实结合的虚拟空间，但限制 AR 被广泛使用的主要障碍有 3 个方面：技术限制、用户界面限制、社会接受程度	医疗领域：手术部位的精确定位。军事领域：方位的识别、导航侦察；工业维修领域：头盔式显示器等
自适应地理（A daptive Geovisualization）信息可视化	在系统设计时使用用户的各种认知因素到体现，以便系统能够主动地适应用户的认知特征，更好地被用户应用和不同特征和需求的用户所所使用	能够主动变化的系统通过改变自身特征来促成系统间作用的顺利进行，但因不同的用户模型可能产生异极大，所使用自适应显示策略、算法模型、数据组织、符号自适应、用户模型等难以确定	地理信息、可视化平合开发
地理信息全息显示	将地理信息生成三维场景，然后通过模拟光照环境主动地完成全息信息的记录，最终通过全息记录成实现信息的保存与显示	具有原物体的光谱特性，可进行基于全息显示结果的立体测量，但数字全息技术目前还处于实验室阶段，其设备的小型化与工程化，动态目标的显示等需要研究	游戏、态势推演

129

【**实用工具**】地图投影，点、线、区域数据可视化以及流式地图

1. 地图投影

地图投影是地图可视化最重要的步骤，可以将数据中球体或椭球体表面经纬度格式表示的地理坐标转换为平面系统中二维位置的屏幕坐标，如地球表面可以测量到的坐标属性有：面积、形状、方向、距离等。最简单的地图投影是直接投影法，通过在球体的某个位置模拟到目标模型表面上，然后将目标模型表面展开成一个可显影的表面：圆柱体、圆锥体、平面都是常见的具有可显影表面的模型，如图 3-49 所示。

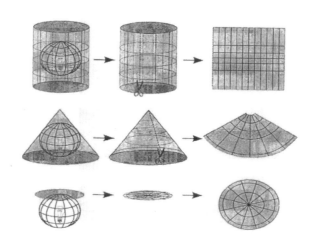

图 3-49　地图投影

2. 点、线、区域数据可视化

表 3-8 所示是点、线、区域数据可视化。

表 3-8　点、线、区域数据可视化

项目	特点	应用	图例
点数据可视化	将地理空间中离散的点表示在地图上，但是点之间会产生大量重叠，因此合理布局很重要	常用于地理数据分析，有限的空间可以显示较多的信息	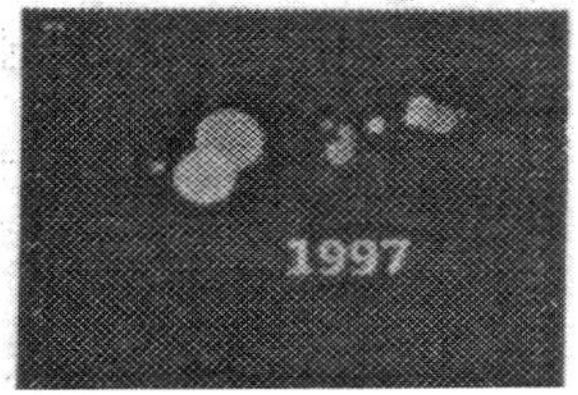
线数据可视化	常见的可视化方法，连接多个地点的线段或路径，研究重点是减少线的重叠和交叉	如百度地图的路径规划，基于地理位置的飞机航线标识，带有移动性的传染病大数据可视化等	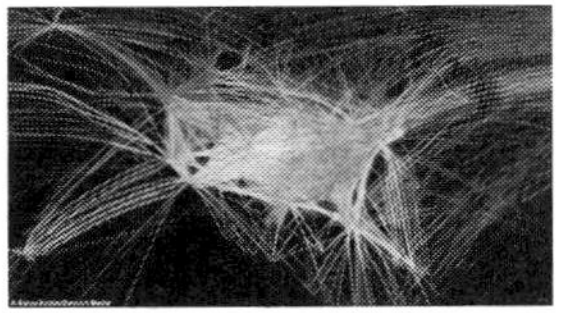
区域数据可视化	由具有长度和宽度的区域构成，并用颜色来表示区域的属性。	如分级标识图（Grad-uated Symbol Maps），伦敦奥运会奖牌分布的规则形状地图和区域医疗大数据可视化等	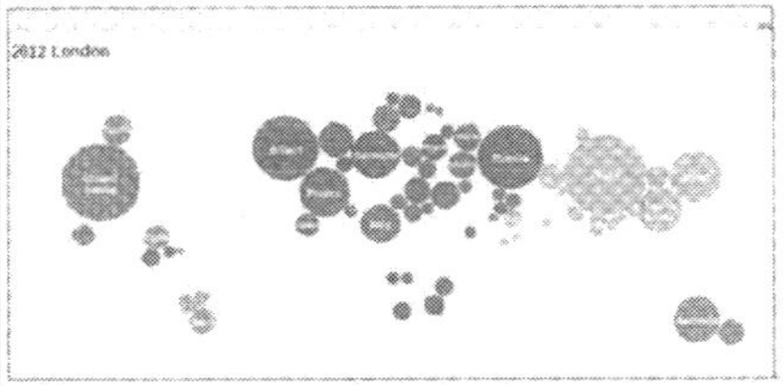

131

3.流式地图

为了反映信息对象随时间进展与空间位置所发生的行为变化，将地理位置与时间标签相结合的数据进行可视化，流式地图（Flow Map）是一种典型的方法，图 3-50 显示了使用流式地图对拿破仑 1812 年进攻俄国情况的可视化例子。为了避免传统流式地图面临数据规模不断增大而产生大量的图元交叉、覆盖等问题，借鉴并融合大规模图可视化中的边捆绑方法对时间事件流做了边捆绑处理，如图 3-50 所示。

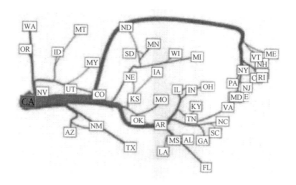

图 3-50   结合了边捆绑技术的流式地图

第四章

数据可视化常用工具

第一节 概　　述

人们通过许多年的努力，拥有了很多数据可视化的工具，从最简单的数据可视化工具，如 Excel，从只对数据进行一些简单的复制粘贴，发展到复杂的编程工具，以及基于在线的数据可视化工具（如 D3）、三维工具（如 Storm）、地图绘制工具（如 Google Maps）、进阶工具（如 Tableau）、专家级工具（如 R 语言），如图 4-1 所示的数据可视化工具，为人们应用数据可视化发挥了相当大的作用。

工具名称	应用
R语言	一套完整的数据处理、计算和制图软件系统，非常复杂
Gephi	开源的工具，能处理大规模数据集，生成漂亮的可视化图形，对数据进行清洗和分类
Processing	轻量级的编程环境，制作编译成Java的动画和交互功能的图形，桌面应用，几乎可在所有平台上运行
Tableau	拥有可视化关系数据库(VizQL)，能展示维数据库的数据结构与逻辑关系，提供数据可视化的智能软件
Google Maps	基于Java Script和Flash的地图API，提供多种版本
Poly Maps	一个地图库，具有类似CSS样式表的选择器
Three.js	开源的Java Script 3D引擎，低复杂度，轻量级的3D库
Storm	实时的、分布式的、具备高容错的计算系统
Google Spreadsheets	包含大量图表类型，内置了动画和交互控制，不支持Java Script的设备无法使用
D3(Data Driven Documents)	Java Script库，提供复杂图表样式
HADOOP	分布式存储技术HDFS、分布式数据计算技术Map Reduce和资源管理以及任务调度系统Yarn
Excel	操作简单：快速生成图表，如是Microsoft Excel的云版本：增加了动态，交互式图表，但很难制作出能符合专业出版物和网站需要的数据图，服务器负载过大时运行速度变得缓慢

左侧金字塔结构（自上而下）：专家级工具、进阶工具、地图工具、三维工具、在线工具、入门级工具

图 4-1　数据可视化工具

第二节　Excel

Excel 是目前最受欢迎的 Microsoft Office 的主要成员之一，它在数据管理、自动处理和计算、表格制作、图表绘制以及金融管理等许多方面都有独到之处。

一、Excel 的功能

1.Excel 的基本工作表

电子表格软件（如 Microsoft Excel、iWorks Numbers、Google Docs Spread-sheets 或 LibreOffice Calc）提供了创建电子表格的工具，Excel 展现给大家的工作区是由横、纵直线划分的单元格组成的工作表，即单元格是最基本的工作单位。单元格中可以输入各种基本类型的常量数据——字符串（英文、中文等）、数值、日期等，其更重要的是可以在工作表中输入我们需要的各种公式。因此，工作表为描述决策问题、建立决策模型提供了有力的依据。

2. Excel 数据计算

Excel 操作简单，经历多次升级，功能繁多，菜单技术和控制技术丰富，提供了自动填充、各种函数、工具库、宏、控件、对象、数据透视表、单变量求解、规划求解、方案、VBA 编程等众多功能，如 SUM 函数对单元格或单元格区域进行加法运算；分析和处理日期值和时间值、确定单元格中的数据类型、计算平均值、排序显示和运算文本数据等。在生活和工作实践中可以有多种应用，用户甚至可以用 Excel 来设计复杂的统计管理表格或者小型的数据库系统，能进行大量的数据处理及管理，计算可动态显示和报告，数据分析工作直观，使繁杂的计算过程变得简单、便捷，并且容易掌握。

3. Excel 图表绘制

Excel 的数据分析图表功能丰富，可用于将工作表中抽象的数据结果转化为直观的各种类形的几何图，非常方便绘制各种曲线图、直方图、折线图、圆饼图、曲面图甚至是三维立体图等。Excel 具有较好的可视化效果，可以快速表达绘制者的观点，方便用户查看数据的差异、图案和预测趋势等，即选择图表类型工作中经常使用柱形图和条形图来表示产品在一段时间内的生产和销售情况的变化或数量的比较，如表示分季度产品份额的柱形图就显示了各个品牌的市场份额的比较和变化。

4. Excel 图形和动画制作

Excel 工作表中可插入动画、视频、音效等多种媒体对象，工作表中的内容可转换成图形。如选中需转换成图形的单元格区域，复制后，按 <Shift> 键同时点击"编辑"＋"复制图片"菜单，即可转成图片。转换的图片生成图片文件后，用图形软件如 Photoshop、ChemWindow 等加以修饰，再用流行的动画软件

Flash、GIF animation 等制作成演示动画。

5. Excel 模拟技术

使用 Excel 的数据计算技术和图表技术，可结合 VBA 编程，处理数据和拟合曲线，使计算可视化模拟。如希望在两组数据间查找最优组合时，面图就很有用，在原始数据的基础上，通过跨两维的趋势线以描述数据的变化趋势，且通过拖放图形的角点，可以轻易地变换观察数据的角度。

6. 决策模型参数调整可视化分析

Excel 提供给了一组丰富的"控件工具"，我们可以用它制作带有各种交互控制按扭的操作面板，把它与模型参数关联起来，或者与数据的图形表示相结合，建立所谓的"可调图形"。这样就可以通过操纵控制按钮来改变决策模型的参数，使决策模型和决策结果动态快速发生相应的变化，迅速得到不同参数对应的模型和可视结果，直接进行可视分析，使管理决策分析的交互性更上一层楼。

二、Excel 对数据的提炼和清洗

1. 数据提炼

数据集成是把不同来源、格式、特点、性质的数据在逻辑上或物理上有机

地集中，从而为企业提供全面的数据共享。在 Excel 中，用户可以按一定规则对数据进行整理、排序、筛选和分类汇总等操作。如获取原始数据（或统计月销售数据）、排序关键字，为进一步处理数据做好准备。

2. 数据清理

在实际工作中，一方面，由于对公式不熟悉、单元格引用不当、数据本身不满足公式参数的要求等原因，难免会出现一些错误；另一方面，对于一份庞大的数据来说，无论是手动录制还是从外部获取，都难免会出现无效值、重复值、缺失值等情况。不符合要求的主要为缺失数据、错误数据、重复数据这三类，这样的数据就需要清洗。此外还有数据一致性检查等操作。想要清除这些有缺陷的数据，就需要根据它们的类型从不同角度进行操作，如填补遗漏的数据、消除异常值、纠正不一致的数据等。对于这种问题的处理方法有批量删除重复值等。

3. 抽样分析

原始数据源表的行数通常都在百万数量级。在某种情况下，你可以使用随机抽样减少数据集，减少业务数据集中的记录数，增加数据可视化和数据挖掘工具的性能。如市场研究、产品质量检测，不可能像人口普查那样进行全量的研究，这就需要用到抽样分析技术。使用随机抽样，你能够通过一个随机样本产生模型，但是可能需要转换数据集的格式，使得它更易于可视化、挖掘，或者更易于研究业务问题的不同方面。此外，你可能还需要利用逻辑转换，消除业务数据集内部的偏差，创建更精确的数据挖掘模型。在 Excel 中使用"抽样"工具，必须先启用"开发工具"选项，然后再加载"分析工具库"。

三、数据常见统计量

常见的数据统计量如表 4-1 所示。

表 4-1　常见的数据统计量

工具	常见统计量	意义
统计学计算工具	平均值	在一组数据中，取所有数据之和再除以这组数据的个数
	中位数	将数据从小到大排序之后的样本序列中，位于中间的数值
	众数	一组数据中，出现次数最多的数
概率统计工具	正态分布	一种概率分布 $N(\mu, \sigma^2)$。服从正态分布的随机变量的概率规律为取与 μ 邻近的值的概率大，而取离 μ 越远的值的概率越小；σ 越小，分布越集中在 μ 附近，σ 越大，分布越分散。如，在生产条件不变的情况下，产品的强力、抗压强度、口径、长度等指标
	偏态分布	偏态分布是指频数分布不对称，集中位置偏向一侧。若集中位置偏向数值小的一侧，称为正偏态分布；若集中位置偏向数值大的一侧，则称为负偏态分布

（续）

工具	常见统计量	意义
预测数据的工具	移动平均法	移动平均法根据预测时使用的各元素的权重不同，可以分为简单移动平均和加权移动平均。简单移动平均的各元素的权重都相等；加权移动平均给固定跨越期限内的每个变量值以不相等的权重。适用于近期预测。当产品需求既不快速增长也不快速下降，且不存在季节性因素时，移动平均法能有效地消除预测中的随机波动
	指数平滑法	是生产预测中常用的一种方法，也用于中短期经济发展趋势预测。它兼具了全期平均和移动平均所长，不舍弃过去的数据，但是仅给予其逐渐减弱的影响程度，即随着数据的远离，赋予其逐渐收敛为零的权数
	回归分析法	在掌握大量观察数据的基础上，利用数理统计方法建立因变量与自变量之间的回归关系函数表达式。回归分析法不能用于分析与评价工程项目风险

【实例】 电子表格程序 Excel 实现计算可视化

如图 4-2 所示，为电子表格程序 Excel 实现计算可视化的过程。

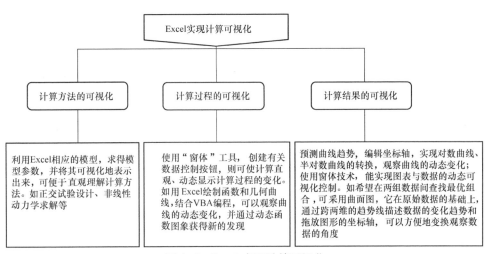

图 4-2　Excel实现计算可视化

141

第三节 Tableau

一、概述

Tableau 成立于 2003 年，是一家提供商业智能的软件公司，由来自斯坦福大学的 3 位校友创建，他们开发出了一种全新的产品，其最核心的技术——可视化关系数据库（VizQL），即可以从多种角度高效直观地展示维数据库的数据结构与逻辑关系。在 2011 年 Tableau 被美国高德纳（Gartner）咨询公司评为"全球发展速度最快的商业智能公司"。

Tableau 是集复杂的计算机图形学、人机交互和高性能的数据库系统于一身的跨越领域的技术，并提供数据可视化的智能软件。Tableau 主要产品包括 Tableau Desktop（嵌入了地图，使用者可以用经过自动地理编码的地图呈现数据，支持 Windows 系统的数据可视化分析）、Tableau Server（基于服务器与网页的可视化分析及交互式协同分析）及 Tableau Public（可视化作品的共享）。

Tableau 产品功能强大、操作简便、将数据运算与美观的图表完美地连接在一起。可以连接到本地的 Excel 表格、文本、Access 数据库、统计文件等，也可以连接数据库服务器。这是最简单的商业智能工具软件，它不需要用户编写自定义代码；运行高效，分析者不需具备任何编程、统计专业背景，只需通过简单的拖放、设置便可快速创造出美观的交互式图表，完成有价值的数据分析。

此外，Tableau 拥有强大计算引擎，通过输入简单的公式即可实现复杂的业务报表分析。

Tableau 主要是面向企业数据提供可视化处理和展示，是一家商业智能软件提供商，客户超过 12000 个，分布在全球一百多个国家，遍及金融服务、互联网、生命科学、医疗保健、商务服务、能源、电信、制造业、教育、媒体娱乐、公共部门、零售等各个行业，拥有德勤、杜邦、BBC、脸书、雅虎、苹果、可口可乐、美国联邦航空管理局、康奈尔大学、牛津大学、中国东方航空等知名用户。

二、Tableau 的主要特性

Tableau 的出色表现在以下几个方面。

1. 极速可靠

通过使用内存数据引擎，不但可以直接查询外部数据库，还可以动态地从数据仓库抽取数据，实时更新连接数据，得到一个最满意的数据可视化视图。

2. 效率更高

可以快速点击高亮处理模式标识数据的趋势，按需要有效萃取全部或部分数据进行分析，能完成交互式访问与分析，大大提高了数据访问和查询的效率。

3. 智慧美观

Tableau 将多种视图整合在一个操作面板中，并且可以引入 Web 页面、图像、文字和地图作为功能扩展所用。高亮显示和过滤相关数据功能，提供了更简便的操作性能。多层次表图的数据动态联接，使用户直视数据内涵，由简至繁，让你的经营思路畅通无阻。你可以透过 Tableau Server 随时随地与他人共享你的分析结果，或者你也可以将它作为你在经营数据处理方面的独门秘技，获得领先同业的优势。

4. 易学易用

Tableau 提供了友好的可视化界面，对于没有要求 IT 背景和统计知识的使用者，只要通过拖放和单击（点选）的方式就可以创建出精美、交互式的仪表盘。操作极其简单，帮助用户迅速发现异常数据，深入分析并定位异常原因。

5. 连接便捷

可以直接与各种数据源，如数据库、数据体、数据仓库、文件以及电子表格等相连接，并对其开始数据分析，处理好数据、就得到数据的可视化视图。

6. 高效接口集成，良好可扩展性

Tableau 提供多种应用编程接口，包括数据提取、页面集成和高级数据分析等。

7. 便捷在线共享

可以在交互控制面板上，在线快速处理数据分析，便捷共享，只要一个浏览器，就可以方便地过滤、选择数据，并且有一键式发布功能，可充分节省时间。

8. 极强数据分析能力

基于数据过滤、钻取、联动、跳转、高亮等分析手段的动态分析报告，通过评估数据迅速发现潜在问题、判断改进机会、衡量关键指标，并将数据转化为可行见解进而迅速实行改进措施的能力。

三、Tableau 的功能

其具体功能包括：

（1）强大的数据处理功能。专注结构化数据（如 Excel、数据库）处理，数据引擎速度极快，在几秒钟内可完成上亿行数据处理，通过智能化的可视化形式选择，将枯燥的数据以简单、友好、美观的图表形式展现。

（2）完美的数据整合功能。方便易用的一键式数据联接功能，可以将两个数据源整合在同一层，甚至还可将一个数据源筛选为另一数据源，并且重点显示出数据的来源，让数据处理变得轻松快捷，如轻轻一点可以整合同时期的运输数据与产品数据。

（3）嵌入了地图和钻取，支持数据的上钻下探、多维并向分析，简化大数据，节约了大量耗费在评估数据分析上的时间和精力。

（4）能够完成海量数据的基本统计预测，可以创建出复杂的趋势与模式分析图，做出经营假设进行模拟。

（5）允许从多个数据源访问数据，包括带分隔符的文本文件、Excel 文件、Oracle 数据库和多维数据库等，也允许用户查看多个数据源，在不同的数据源间来回切换分析，并允许用户结合使用多个不同数据源，轻松实现数据融合及动态数据更新。

（6）将数据可视化作品导入办公软件，输出图表的再利用性强，具有高兼容性及交互性，灵活、深度、多维度、互动的展示方式使得用户间的信息传递更为清晰有效。

（7）Tableau 还是一种基于 Web 浏览器的分析工具，有效的数据分析仪表板设计既可以解决特定领域（服务或基础设施）的问题，又可以从整体层面更生动有效地向利益相关机构阐述。

四、Tableau 桌面系统中最简单的商业智能工具软件

Tableau 桌面系统工作区是制作视图、设计仪表板、生成故事、发布和共享工作簿的工作环境，包括工作表工作区、仪表板工作区和故事工作区，还有公

共菜单栏和工具栏，如图 4-3 所示，下面对于各个功能区的做一个较为详细的介绍，具体如表 4-2 所示。

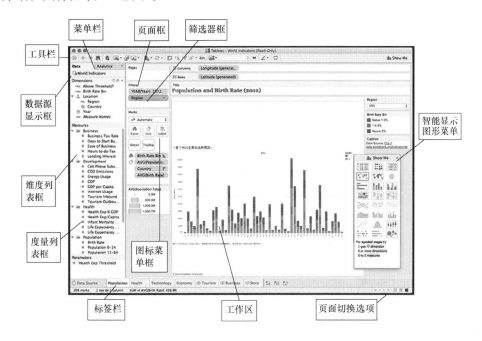

图 4-3 Tableau 桌面系统

表 4-2 Tableau 各个功能区

项目	主要作用	主要组成（窗口）
菜单栏	新建工作簿、保存文件、导出文件等	文件、数据、工作表、仪表板、分析、地图、格式、服务器、窗口、帮助菜单
工具栏	显示位图式按钮行的控制条，位图式按钮用来执行命令	"新建数据源"、"新建工作表"和"保存"等命令

（续）

项目	主要作用	主要组成（窗口）
工 作 表 （Work Sheet） 工作区	又称为视图（Visu-alization），是可视化分析的最基本单元	（1）数据窗口；（2）数据源窗口；（3）维度窗口；（4）度量窗口；（5）集窗口；（6）参数窗口；（7）分析窗口；（8）汇总窗口；（9）模型窗口；（10）自定义窗口；（11）页面卡；（12）筛选器卡；（13）标记卡；（14）颜色图例；（15）行功能区和列功能区；（16）工作表视图区；（17）智能显示；（18）标签栏；（19）状态栏
仪 表 板 （Dashooard） 工作区	多个工作表和一些对象（如图像、文本、网页和空白等）的组合，可以按照一定方式对其进行组织和布局，以便揭示数据关系和内涵	（1）仪表板窗口；（2）仪表板对象窗口；（3）平铺和浮动；（4）布局窗口；（5）仪表板设置窗口；（6）仪表板视图区
故 事 （Story）工作区	按顺序排列的工作表或仪表板的集合，可以使用创建的故事，向用户叙述某些事实，或者以故事方式揭示各种事物之间联系或事件发展的关系	（1）仪表板和工作表窗口；（2）说明；（3）导航器设置；（4）故事设置窗口；（5）导航框；（6）新空白点按钮；（7）复制按钮；（8）说明框；（9）故事视图区
智能显示 图形菜单	自动推荐一种最合适的图形来展示数据	列出了24种不同类型的图形
页面切换 选项	选择哪个窗口页面	四个选项从左往右依次是：制图页面、视图页面（工作簿里所有视图）、数据连接选项页面
数 据 源 显示框	显示所有已连接到的数据源	维度列表框、度量列表框中即显示该数据源的相关字段

其中导出和发布数据，即工作簿（Workbook）：包含一个或多个工作表，以及一个或多个仪表板和故事，是用户在 Tableau 中获得的工作成果的容器。用户可以把工作成果组织、保存或发布为工作簿，以便共享和存储。

【实例】Tableau 可视化业务报表实现

某企业在仓库管理系统中涉及的业务表单有：询价单、报价单、销售意向单、销售订单、发货单、验收单和结算单。每个表单的核心字段分别是：销售人员、外商、最终用户、结算主体、业务数量、业务金额、日期。如图 4-4 所示，是 Tableau 的可视化业务报表。

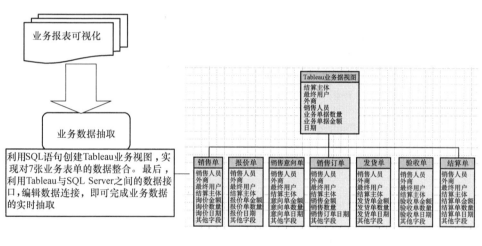

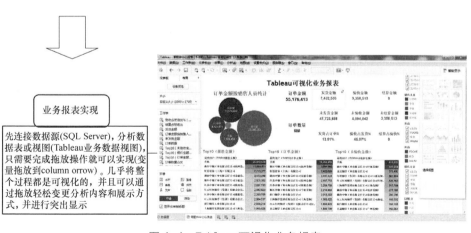

图 4-4　Tableau 可视化业务报表

第四节　R 语言

一、概述

R 语言是由 Auckland 大学的 Robert 和 Ross Ihaka 及其他志愿人员开发的，该系统汇集了全球优秀的统计应用软件。R 语言是一个开放的统计编程环境，是一种语言。R 语言作为统计学界知名的开源数据分析工具，有一套完整的数据处理、计算、分析和绘图软件系统。R 语言通过程序内置函数和用户自编函数以实现全面的数据分析，这些函数集合可以从公共网站上免费下载，又被称为软件包或扩展包（Packaqes）。但它不是特别擅长创建可交互图形或动画，即不太适合于动态网页。如图 4-5 所示，是 R 语言的网站首页。

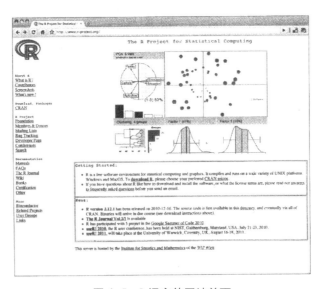

图 4-5　R 语言的网站首页

R 语言支持广泛的操作，包括统计运算操作，例如平均数、最小值、最大值、概率、分布和回归；这有机器学习操作，如线性回归、逻辑回归、分类和聚类。

R 语言的学习者或开发人员可以轻松地聚集在一起，并通过 R 语言群组或社区的帮助解决一些他们不确定的问题。下面是一些有用的主流平台：QR 邮件列表：这是由 R 语言项目业主创造的一个官方 R 语言群组；QR 的博客：有不计其数的博主正在编写一些 R 语言应用；群组：目前在领英和 Meetup 网站上有许多其他团体，在这里世界各地的专业人士聚集在一起，讨论他们的问题和创新理念。

目前，R 语言软件包已经扩展到 6000 多个，能够支持多种架构多种类型的数据分析，并具有强大的数据分析能力，如 IBM 的 Biq R、微软 SOL Sener2016 版支持 R 语言等，阿里云基于 R 语言开发了 XFile 平台。R 语言已成为大数据科学家和开发者的必备技能。

二、R 语言的功能特征

1. R 语言支持多种数据类型

在 R 语言中，可以加载多个软件包来读取和分析这些非结构化数据类型，例如基于 Word、PDF 会议文档、XML 标准数据、HTML 网页报告，以及各种工程图纸、音频或视频文件等，可以轻松将非结构化数据转换为结构化数据，并包括对此类格式的处理和分析的函数和模型，实现对这些文件的批量读取，并进行一定深度、广度的分析。

2. R 语言支持灵活的预处理

由于数据标准不一，必须做大量的数据处理和清洗工作，即预处理。R 语言有关数据处理可以满足较难实现的预处理问题。利用 R 语言的数据框、向量、列表等多个数据对象，可以实现高效的数据分割和整合操作；轻松实现长宽数据的灵活转换，以适应不同场合的数据分析需求；对于复杂操作或者涉及数据游标操作时，R 语言操作会相对容易，且效率更高。

3. R 语言具备丰富的科学数据分析模型

R 语言包含丰富的统计分析、数据挖掘和机器学习模型，其中分类、聚类、关联规则等成熟算法十分有助于数据模式归纳、异常点发现和预测。因为 R 语言的开源性、更新速度快、可编程的特点，所提供的数据挖掘或统计分析功能的数量远远超过传统统计分析软件 SPSS、Eviews。其算法准确性与国际一流数据挖掘软件 SAS 相媲美，R 语言的 CRAN 网站现已经成为世界一流的数据分析专家发布先进算法和模型的重要平台。

4. R 语言具备强大的数据可视化功能

R 语言的可视化功能十分卓越，被公认为是业界的佼佼者。R 语言基础包的画图功能就可以运用图形参数来指定字体、颜色、线条类型和标注等，满足一般图形展示要求，还可以创建优雅、信息丰富、定制化的图形。

三、R 语言数据处理流程

1. 数据收集

研究的第一步是收集数据，运用 R 语言软件中的 Quant Mod 包来获取原始观测数据。

2. 数据预处理

数据的预处理需要我们对收集到的数据进行清洗，清洗大量的数据集，对不规则的数据属性设置转换，输入数据将被转换为向量、列表以及数据框的形式。数据预处理步骤如图 4-6 所示。

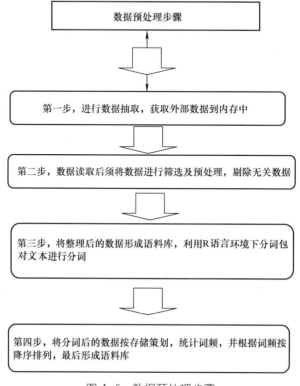

图 4-6　数据预处理步骤

3.挖掘建模与可视化分析

利用数据预处理形成语料库后进行挖掘建模。探查数据集中所有可能的值，对描述性和预测性分析数据的可视化进行分析，即分析输出程序的可视化。这里的数据挖掘建模主要是指可视化展示与主题模型分析。如图 4-7 所示，是某社会服务平台系统中咨询类求助 WordCloud 词云包展示与咨询类求医订单号 Tagxedo 在线词云软件展示。

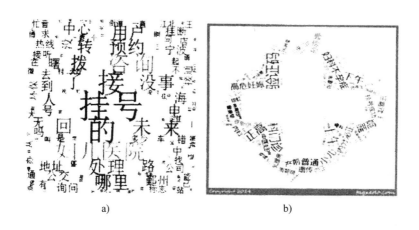

a)   b)

图 4-7　某社会服务平台系统

a）咨询类求助 WordCloud 词云包展示　b）咨询类求医订单号 Tagxedo 在线词云软件展示

【实例】基于 R 语言的全球温度天气图

　　美国 NCEP 制作的 GFS（Global Forecast Systerm）预报每天发布 4 次，分别为 00：00、06：00、12：00 和 18：00。R 语言可以使用 NCEP 发布的数据集创建天气图。如表 4-3 所示，以 R 语言来分析：（1）NCEP 20 个集合预报成员温度预报情况[⊖]；（2）温度集合预报的偏度统计量的全球分布。

　　⊖　数据来自 NCEP 的 GENS（http：//www．nco．ncep．noaa．gov/pmb/products/gens/）

表 4-3　R 语言来分析气温

项目	R 语言代码分析 NCEP 集合预报的温度预报	图示
1	右图图显示了伦敦城市的 NCEP 20 个集合预报成员温度预报分布直方图，由图中可以直观看出 20 个集合预报成员温度预报的分布情况	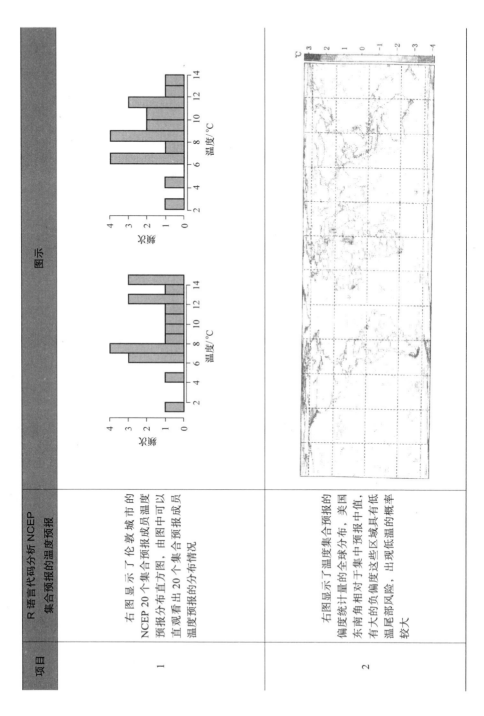
2	右图显显示了温度集合预报的偏度统计量的全球分布，美国东南角相对于集中预报中值有大的负偏度这些区域具有低温尾部风险，出现低温的概率较大	

第五章

数据可视化实现流程及其方法

第一节　可视化理论模型

为了适应可视化的需求，Card 等人提出了可视化参考流程模型，如图 5-1 所示，该模型描述了原始数据、数据表、可视形式和视图之间的转换流程。可视化过程可以分为 3 个数据转换的过程：原始数据到数据表的转换、数据表到可视化结构的转换、可视化结构到视图的转换，以及用户可以通过人机界面与各个流程进行交互，调整可视化结果。

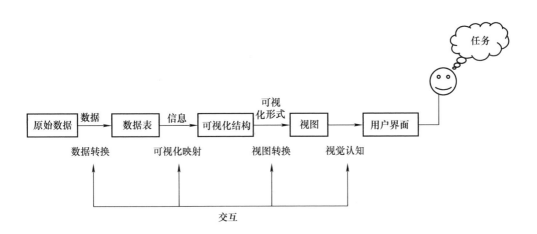

图 5-1　可视化参考流程模型

第一个数据转换过程是将原始数据转换为数据表形式，即把原始数据经预处理变换为满足一定格式的数据存入数据表中，其中预处理主要包括对数据集进行清洗、格式化、储存等，转换可以使用提取、过滤、聚合、分块等方法，最终的结果是生成适合进行可视化映射的数据表。

第二个数据转换是可视化映射，即把数据表数据通过可视化模型映射为可视化结构，由空间基、标记，以及标记的图形属性等可视化表征组成，如几何形状、颜色、大小等可视化特征。这时可以通过表达性和有效性来判定数据可视化的效果，并以此作为可视化的评价标准。

第三个数据转换是视图转换，将可视化结构根据位置、比例、大小等参数设置显示在输出设备上，即通过绘制与显示面向用户的可视化视图，对大量数据进行分析，抽出数据中的隐含信息，再将信息通过人可感知的形式展现出来。

用户根据任务需要，通过交互操作来控制上述 3 个变换或映射。其中可视化映射是模型中的关键，要实现可视化映射需满足：真实的表现和保持数据的原貌，并具有丰富的表达能力。

第二节　数据可视化处理流程

数据可视化不是一个算法，而是一系列流程。作为数据探索的工具，可视化具有输入和输出。可视化的对象与其说是数据对象，不如说是其背后的自然和社会现象。例如，基于医学图像研究疾病的机理、基于气象数据模拟研究大气的运动变化等。可视化的最终输出也不是显示在屏幕上的像素，而是用户通过可视化，从数据中得到的知识和灵感。

如图 5-2 所示，数据可视化处理流程可分为三个阶段：第一阶段，原始数据的转换；第二阶段，数据的视觉转换；第三阶段，界面交互。而三个阶段由以下七个步骤组成：

1. 原始数据转换包括四个步骤：

（1）获取数据。无论是数据库的表还是来自网络的源文件，数据可以从计算机本地获取，也可以从互联网上获取。（2）数据分析。应用结构图表的方式将数据的意义表示清楚，为数据的意义构造一个结构图，并按一定的类别顺序进行排列，进而使数据的意义变得一目了然，为过滤工作提供坚实的基础。（3）数据过滤。将有价值的数据留下来，删除无用的、多余的数据；通过降低数据处理量，改善数据的精准度，提升数据质量。（4）数据挖掘。应用数学、统计学或数据挖掘的方式来辨析数据格式，或是将数据与数学环境相联系，从海量数据中获得一定的规律，进而给数据表达提供有意义的材料。

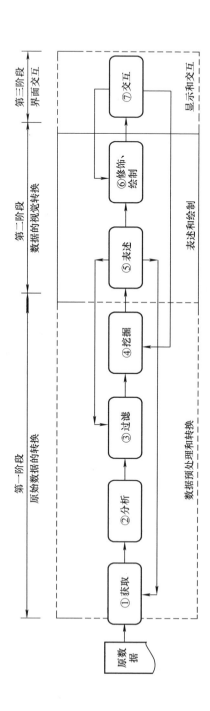

图 5-2 数据可视化处理流程

2.数据的视觉转换包括两个步骤：

（1）表述：主要就是选择基础的视觉模型将其表现出来，即为视觉设计草图。例如一个条形图、列表或树状结构图，在选择表示方式的过程中要结合数据的维度来选择合适的表现方式，可以选择树状、列表等。这一步骤也是数据的转换前后的审查与检验。（2）修饰、绘制：改善基本的表述方法，使它变得更加清晰和更容易视觉化；

3.界面交互

交互步骤，以增加方法来操作数据或控制其可见的特性。

一、数据可视化的第一阶段——原始数据的转换

原始数据的转换过程可繁可简，主要受到需要处理数据的类型与复杂程度的影响。原始数据的处理内容主要是：（1）原始数据预处理及存储；（2）面向可视化方法的数据处理，具体内容如图5-3所示。

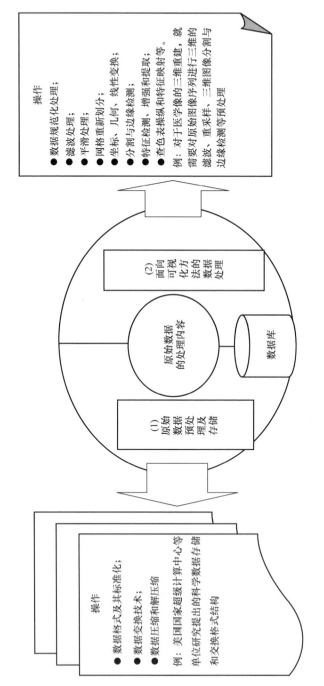

图 5-3 原始数据的处理内容

操作
● 数据规范化处理；
● 滤波处理；
● 平滑处理；
● 网格重新划分；
● 坐标、几何、线性变换；
● 分割与边缘检测；
● 特征检测、增强和提取；
● 查色表操纵纵和特征映射等。
例：对于医学图像的三维重建，就
需要对原始图像序列进行三维的
滤波、重采样、三维图像分割与
边缘检测等预处理

(2)
面向
可视
化方
法的
数据
处理

原始数据
的处理内容

数据库

(1)
原始
数据
预处
理及
存储

操作
● 数据格式及其标准化；
● 数据变换技术；
● 数据压缩和解压缩
例：美国国家超级计算中心等
单位研究提出的科学数据存储
和交换格式结构

原始数据的转换过程主要是进行数据预处理，将采集来的信息进行预处理和加工，使其便于理解，易于被输入显示可视化模块。数据预处理过程就是要获得并选择原始数据，原始数据来源于数据仓库和业务数据库中与客户相关的部分。许多企业都收集了大量的交易和历史数据。这些数据通常是由联机事务处理（OLTP）系统收集的，OLTP系统可能包含了数百张关系数据库管理系统（RD-BMS）的表。有些企业可能已经实施了数据仓库、数据集市和其他操作数据存储（ODS，Operational Data Stores），支持有关业务的决策制定信息。进行数据预处理需要完成以下事项：

（1）对数据进行去噪、清洗、汇总等相关处理；

（2）数据的格式和方便可视化处理的格式需要做相应的转换，数据的简化有助于用户对数据的理解和控制；

（3）数据的特征往往被隐藏在细粒度的数据之中，要对数据进行一定的汇总，才能突显其特征，得到清洁、简化、结构清晰的数据，让用户更容易获得知识和产生灵感。

可视化处理的对象包括"符号"、"结构"、"图像"与"信号"。如何将这些数据变换成可视的图形（图像）信息，则是从事科学计算可视化应用的科学家和工程师的任务。运用可视化工具，实现并完成将不可见的对象变换成可见图像的过程。

原始数据的转换包含了获取、分析、过滤和挖掘四个步骤。

第一步——获取

获取数据，又称为"数据采集"或"数据收集"，是指对现实世界进行采样，可以出自储存于本地端的文件也可以从网络抓取；还称数据采集或数据收集，通过数据文件的访问接口，从数据文件中读取需要的数据，以便产生可供计算机处理的数据的过程。数据应当遵循的原则是寻找最小的数据集来揭示数据集内容中的意义。还获取优质数据，确保数据的质量。

大数据时代的数据获取特点之一是数据开始变得廉价，即收集数据的途径多种多样，成本相对低廉。通常来说，数据获取的手段有实验测量、计算机仿真与网络数据传输等。传统的数据获取方式以文件输入 / 输出为主。在移动互联网时代，基于网络的多源数据交换占据主流。数据获取的挑战主要有数据格式变换和异构异质数据的获取协议两部分。数据的多样性导致不同的数据语义表述有差异，这些差异来自于不同的安全要求、不同的用户类型、不同的数据格式、不同的数据来源。

数据获取协议（DAP，Data Access Protocol）标准和 DAP2 标准，是通过定义基于网络的数据获取语法，以完善数据交换机制，提供跨越规则的语法的互操作性，允许规则内的语义互操作性。在科研领域应用比较广泛，如以纯 Web

化的方式与网格 FTP、HTTP、SRB（源路由网桥）、开放地理空间联盟（如
WCS、WMS、WFS）、获取高级定制搜索结果的 Google Custom Search 等协议。

第二步——分析

对获取的数据进行分析，用结构图表明数据的意义并按类别排序，才能知
道它们的意义所在。数据分析指组织有目的地采集数据、详细地研究和概括总
结数据，从中提取有用信息并形成结论的过程，其目的是从一堆杂乱无章的数
据中通过对初始数据进行采集、分析、建模、萃取和提炼等一系列手段，探索
数据对象的内在规律使数据产生最大价值，并最终进入市场化的一个过程。

分类、聚类、回归、关联等分析方法皆为数据分析的重要方法。从统计应
用上来说，数据分析主要应用因果图、分层法、调查表、散布图、直方图、控
制图、矩阵图、计划评审技术、统计分析软件（如 R 语言、SPSS、SAS）等。

数据转换就是要在获取用户所需的数据源之后，所得数据需要被分析转
换，从数据源的格式转换成设计好的数据仓库格式。数据转换可以采用编写程
序和使用工具两种方式来实现，如果有明确的数据类型就使用编写程序的方
法，不过使用自动工具更具有高效率和准确性。对这一数据进行转换，系统将
调用数据格式转换接口，对数据的每一列属性进行格式转换。常用转换的数据
格式有六类，如表 5-1 所示。

表 5-1　常用转换的数据格式

常用转换的数据格式	定义	例子
①字符串	一个字符集构成一个单词或者句子	"网点类型"被指定为一条字符串。邮政编码：214035
②浮点数	一个包含小数点的数字	"经度""维度"是浮点数
③整数	一个没有分数的数字，与浮点比没有小数点	17、36 等
④布尔	Y ／ N 判断逻辑的"是"和"否"	"是否营运"是布尔类型
⑤时间	按照一定格式排列的数字，表示时间	"建立时间"是时间类型
⑥索引	"网点编码"例如 A 公司固定资产表就是一个索引	A 公司固定资产表中存放所有厂房、仓库、网点的编号、名称、所属地等信息

　　进行格式转换后的数据是杂乱无章的，不利于后续数据可视化，因此，必须采用排序操作，对数据列属性按照一定的顺利进行排列。在这一过程中，在 Data Grid View 控件中设置属性值和触发行为，读入数据，来实现对数据的简单排序。

第三步——过滤

根据给定的过滤条件，筛选出满足条件的数据行，对于不满足条件的数据，则给予排除，这就是过滤。在数据处理过程中，要求尽量减少冗余数据和无效数据，提高数据质量，增加精准度。在最后的可视化阶段，也需要过滤无关数据，只对符合条件的数据进行可视化显示。

对于海量数据来说，由于数据源的复杂多样性，未经处理的原始数据中有大量的无效数据应该被过滤掉。例如，数据输入错误、重复记录、随意使用缩写、拼写错误或格式不一致等，在分析结构化数据时常常需要过滤含有无效值的记录，或者用某种规则对无效值部分进行校正。解决这些问题的方法被称为数据清洗和转换。

数据清洗（Data Cleaning）是一种在数据源数据经过转换和迁移到数据仓库之前提高数据源的数据质量的一种技术，它在将操作型数据源的数据转换进入探索型数据集市之前必须保证数据源的数据的质量。数据清洗的原则是有主题的、有意义的、高效率的处理。数据清洗是消除错误的数据和不一致的数据，解决对象的标识，它要对数据进行分解与重组，并不是单纯地用好的数据来更新数据记录。现实世界的数据趋向于不完全和不一致，带有许多数据噪声、空值、缺失值和丢失值，必须采取相应的解决方法，如表5-2所示。

表 5-2　数据噪声、空值、缺失值和丢失值

项目	产生的主要原因	解决方法
数据噪声	数据采集设备有问题；数据录入过程中发生了人为或计算错误；数据传输过程中发生错误；由于命名规则或数据代码不同而引起的不一致	在探索型数据集市内不包括该字段、记录：用一个默认的值、一个派生值取代数据噪声
数据空值	一般表示数据未知、不适用或将在以后添加数据。例如，客户的中间名首字母在客户下定单时可能不知道。空值无法用于将表中的一行与另一行区分开（如主键）	在程序代码中，可以检查空值以便针对具有有效（或非空）数据的行执行某些计算。例如，报表可以只打印列中数据不为空的社会安全列。执行计算时删除空值很重要，因为如果包含空值列，某些计算（如平均值）会不准确。如果数据中可能存储有空值而您又不希望数据中出现空值，就应该创建查询和数据修改语句，删除空值或将它们转换为其他值。有些数据挖掘算法能够比其他算法更好地处理空值（NULL）或空白值。例如，关联规则算法和决策树算法典型地对NULL的处理就比其他算法要好
数据缺失值	（1）由于机械原因导致的数据收集或保存的失败造成的数据缺失，比如数据存储的失败，存储器损坏，机械故障导致某段时间数据未能收集（对于定时数据采集而言）；（2）由于人的主观失误、历史局限或有意隐瞒造成的数据缺失，比如，在市场调查中被访人拒绝透露相关问题的答案，或者回答的问题是无效的，数据录入人员失误漏录了数据	删除数据对象；插值计算缺失值；极大似然估计和多重插补是两种比较好的插补方法，极大似然估计适用于大样本。有效样本的数量足够以保证极大似然估计值是渐近无偏的并服从正态分布；多重插补根据某种选择依据，选取最合适的插补值。在分析时忽略缺失值；用概率模型估算缺失值等
数据丢失值	包含运用汇总统计删除、分辨或者修订错误或不精确的数据；调整数据格式和测量单位；错误和自相矛盾的内容，而且实验、模拟和信息分析过程不可避免地存在误差	丢失的数据可以通过插值获得，大数据可以采用诸如采样、过滤、聚合、分块的方法来处理。对于 Word 文档数据丢失时，可以自动恢复尚未保存的修改；手动打开恢复文件；"打开并修复"文件；从任意文件中恢复文本

为了确保数据的一致性和可靠性。当要清洗随着属性变化的数据时，应该认真分析清洗的步骤和方法，如图 5-4 所示为数据清洗的三个阶段。当源数据发生变化时，必须重新评价数据清洗技术。若有些数据是脏数据或者坏数据，清洗时这类数据会被完全地拒绝，并且给数据源系统发送一个通知，让它改正这类数据，同时为下一次数据抽取做准备。

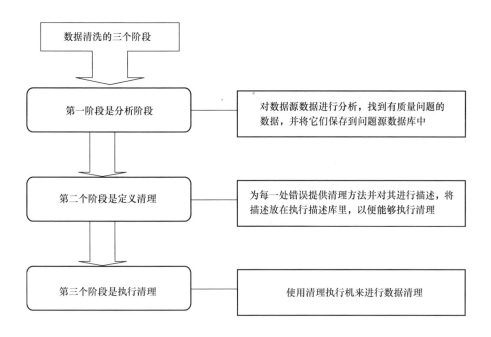

图 5-4　数据清洗的三个阶段

【**实例**】移动公司的全网数据的清洗

在移动公司的全网数据中，一些数据可能会对数据建模产生干扰，包括特殊资费用户、特殊状态用户、重入网用户以及疑似养卡用户等数据。为了保证数据的完整性与有效性，必须对不完整的数据、错误的数据和重复的数据进行数据清洗，如图 5-5 所示。

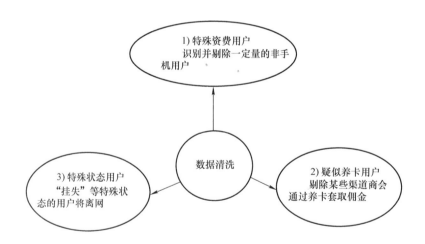

图 5-5　移动公司的全网数据的清洗

第四步——挖掘

挖掘，即用数据挖掘或统计学方法对数据格式进行辨析，在大量的数据中寻找某种规律的行为，涉及数学、统计和数据挖掘等多门学科知识。目的是在一堆杂乱无章的数据中寻找某种规律，从而为之后的数据表示提供有组织的原材料。让数据对于用户更有意义。可以说，数据挖掘就是数据可视化的中枢系统。

数据挖掘被认为是一种专门的数据分析方式，是指设计特定算法，从大量的数据集中去探索发现知识或者模式的理论和方法，是知识工程学科中"知识发现"的关键步骤。与传统的数据分析（如统计分析、联机分析处理）方法的本质区别是数据挖掘是在有明确假设的前提下去挖掘知识，所得到的信息是有效的，并且数据挖掘的任务往往是预测性的。挖掘对象的数据存储为文件、数据流和数据库等，挖掘分析则在计算机内存中进行，因此，首先需进行数据抽取，获取外部数据到内存中。同时，为了提高数据挖掘的质量和效率，需要进行数据选择。一般可通过属性选择和数据采样进行选择过滤。最后通过统计分析挖掘对象数据，对完善和细化挖掘任务有很大帮助。

数据挖掘过程一般包括挖掘任务定义、数据准备、挖掘建模、模型评估和模型应用等阶段，如图 5-6 所示。

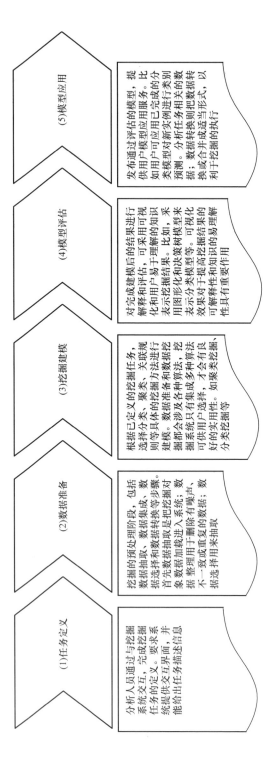

图 5-6 数据挖掘过程

(1)任务定义

分析人员通过与挖掘系统交互,完成挖掘任务的定义。要求系统提供的交互界面,能给出任务描述信息

(2)数据准备

挖掘的预处理阶段,包括数据抽取、数据集成、数据选择和数据转换等步骤。首先数据抽取是把挖掘对象数据加载进入系统;数据整理用于删除有噪声、不一致或重复的数据;数据选择用来抽取

(3)挖掘建模

根据已定义的挖掘任务,选择分类、聚类、关联规则等具体的挖掘方法进行建模。数据涉及各种算法,挖掘都会涉及多种算法,挖掘系统只有集成多种算法,才会有良好的实用性,如聚类挖掘、分类挖掘等

(4)模型评估

对完成建模后的结果进行解释和评估,可采用可视化利用户易于理解的知识表示挖掘结果。比如,采用图形化和决策树模型来表示分类模型等。可视化效果对于提高挖掘结果的易理解性和知识可解释性有重要作用

(5)模型应用

发布通过评估的模型,提供用户模型应用服务。比如用户可应用已完成的分类模型对新实例进行类别预测。分析任务相关数据转换;数据转换则把数据转换或合并成适当形式,以利于挖掘的执行

二、数据可视化的第二阶段——数据的视觉转换

数据的视觉转换也称为数据映射，即在可视化设计过程中，用户需要确定一个直观且易于理解的数据到可视化的映射，其间查看其可视化效果，经比较并最终确定理想的映射方式的过程。通过挖掘数据集中的数据，得到规律，根据不同的绘图设备，采用不同的数学变换方法将结构化的数据转变为绘图设备的坐标数据和色彩信息，并通过应用不同的映射方式，使结构化的数据转变为某类绘图设备上的绘图数据。如选取二维数据可视化，每个网点都有一个经度和纬度。随后将网点以类型定义的图标格式映射到二维地图上显示，如图5-7所示。

图5-7　在二维地图上映射的网点

　　随着应用领域的不同，可视化处理的数据类型也不同，因此对不同类型的应用数据应采用不同的数据映射。数据映射是用图的形式来表示数据的处理流程，从源数据库中定义源表，然后获取目标表的定义，通过字段间的映射来完成的操作，即使用转换算子和过滤器等工具对数据进行转换、融合、分解和过滤操作。常见的映射技术如图 5-8 所示。

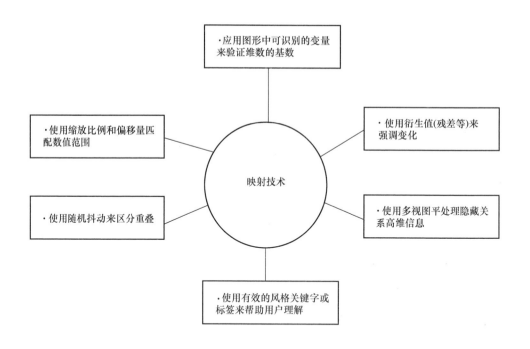

图 5-8　常见的映射技术

　　数据的视觉转换包含表述和修饰两个步骤。

第五步——表述

在完成了数据的排序和过滤等简单处理之后，需要对处理后的数据在表中进行表述。一方面，选择一个基本的视觉模型，相当于一个草图，即可视化效果的雏形，通过采取列表、树状结构等，再结合数据的维度考虑合适的方法表示出来；另一方面，可以审查和检验之前数据的排序和过滤等数据转换过程完成的工作质量，判断是否达到预期要求，如果不符合要求，可以返回前面步骤重新进行排序、过滤和转换等处理。

第六步——修饰、绘制

1. 修饰

数据可视化旨在借助图形化手段，通过可视化的美学形式与功能齐头并进，可清晰有效地、直观地传达信息的关键方面与特征。简单的说，就是改善表述步骤的草图，对草图上色，突出重点，弱化一些辅助信息，使数据的表示简单清晰、内涵丰富、美观有趣。在视觉设计上采取一定的方法，如通过颜色、大小、形状等，使之符合美学原理，提高数据的可读性。

2. 绘制

绘制的功能是将几何数据转换成图像。一个完整的图形描述需要在考虑用户需求的基础上综合应用物体的精确图形技术，如几何体建模技术、扫描转换技术、反走样技术、隐藏面消除技术，把绘图数据转换成绘图设备上的点、线、面等图形图像元素。

【**实例**】Web 数据可视化展现方式

如表 5-3 所示，为 Web 数据可视化展现方式。

表 5-3　Web 数据可视化展现方式

Web 数据可视化展现方式	内容
色彩	展现大数据集的一种优秀方式，可以通过色彩识别出很多层次和色调。运用色彩进行可视化创作时，要特别注意的是确保读者能够区分出在 45% 和 55% 的数据点
时间	随时间变化的数据通常根据时间轴进行描绘。设计师在选择表现形式的同时，一定要考虑到用户是否能够很好地接受和吸收信息，设计师需要了解视觉心理对用户浏览时的影响
位置	基于位置的展现方式就是把数据和某些类型的地图关联起来，或者把它和一个真实或虚拟的地方相关的可视化元素进行关联
尺寸	当辨别两个对象时，可以通过尺寸对比快速地区分它们。此外，使用尺寸可以加快理解两组不熟悉的数字之间的区别。如通过气泡尺寸面积对比，直观地展现出各网页目录的访客数是多少
网络	网络展现方式显示了数据点之间的二元连接，在查看这些数据点之间的关系时很有帮助，在线网可视化在社交网站中已十分广泛地应用了，如在 QQ 上可以通过人脉关系图查看自己的人际网络

三、数据可视化的第三阶段——界面交互

第七步——交互

界面交互包含了最后的图形显示和交互步骤。

1. 图形显示

当前面的工作都达到了预期的要求之后，选择需要的可视化算法，使用类似于图形用户界面技术，让其对应的软件层提供各种设备的驱动程序，对数据进行可视化视图显示。显示的功能是令绘制模块生成图像数据，将绘图设备上已绘制好的图形显示到指定的显示设备上，并按用户指定的要求进行输出。同时，需要把用户的反馈信息传送到软件层中，以实现人机交互。若用户对最后的可视化效果不满意，则要跳转回重新对数据进行处理，直到可视化效果达到用户的要求。

2. 交互

（1）概述。交互就是增加能让用户对内容及其属性进行操作的方便途径，也就是用户可以控制和探索数据，通过使用系统架构提供的一系列交互手段。人机交互是可视化的一项重要指标，许多可视化要求实现动态调整映射关系。用户通过交互在已有的数据集中选择子集或者改变观察数据角度。通过用户的选择，从地图显示用户感兴趣的内容，获取最大信息量。此外，用户还可以通

过视图缩放等操作，改变地图的比例尺，显示该具体方位。如展现英国历史的《互动历史年表》，不仅有明确的时期划分、事件展现，还可呈现出历史时间的密度，用户还可以点击"Take a journey"来动态浏览历史流。

（2）交互分类。可帮助更好地理解交互的设计空间以及各种交互技术之间的关联和区别。如图 5-9 所示是常见的交互分类方法。

（3）交互技术。在数据可视化中，通过交互技术可以使用户按照自己的需求与视图进行交互，充分利用自己的领域知识和分析能力，并从不同的角度对数据进行分析观察，以得到自己满意的可视化结果，可视化中的交互技术如表 5-4 所示。

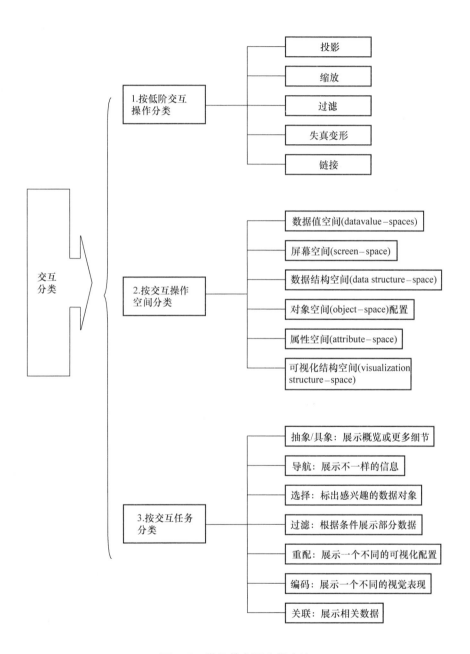

图 5-9　常见的交互分类方法

表 5-4　交互技术

几种常见的交互技术	定义	特点	应用与实例
视图导航交互	视图导航交互也称为探索交互，可以使用户观察数据集的各个子集，包括这个子集的全局情况和细节层次信息	能使用户先观察一部分数据，再通过视图的滚动和缩放，改变观察的数据区域，将当前不关注的数据移出观察视图范围，将关注的数据移入观察视图范围	可以应用于绝对坐标系，也可以应用于各自特定空间形成的相对坐标系。可以显示数据的一个部分并进行其他操作，例如高亮、删除、移动到焦点等
选择交互	选中部分数据，只保留或只排除这部分数据；选中指定的数据对象，提示该对象相关的属性和值；选中一个视图中某个范围的数据对象，作为另一个视图中的处理对象	根据用户使用要求，可以很快地选择自己所需要的处理对象	特别用于多视图协调关联中：可以用许多不同的方式来清晰地显示数据。如用户可以点击物体，赋予所选物体特定的颜色；或者通过包围盒和套索技术把物体单独隔离出来可以在一个间接的方式下进行，即系统根据用户设置的一系列约束条件，而选择出相应数据
过滤交互	让用户从数据源（或视图）中筛选出用户感兴趣的数据	用户可以设置一个或多个约束范围或筛选条件，在图中只显示那些符合范围和条件的数据项，而范围以外的或不满足条件的数据项是被隐藏起来的。用户可设置的数据项数据条件，不满足条件的数据将从数据源中排除（或在视图中被隐藏起来）	Shneiderman 提出的动态查询说明：通过对单向或者双向的滑动条的移动，用户可以选择感兴趣的区域，并且根据用户选择的改变而更新可视化结果

（续）

几种常见的交互技术	定义	特点	应用与实例
钻取交互	对层次化数据（如数据立方体），为了分析不同粒度的数据，经常需要让用户改变维的层次	钻取包括上卷和下钻，上卷是沿着维的层次向上聚集汇总数据，下钻是上卷的逆操作，沿着维的层次向下查看更详细的数据	对带有时间维度的数据，可在年、季节、月份、日等层次上观察待分析的数据对象
抽象/细节交互	在显示海量数据和信息时，用户通常需要调节数据显示的抽象层次	用户可以通过这种交互方式来关注某些子集从而获取子集的多个抽象层次。根据用户的不同意图和多个层次的数据抽象，从而去发掘某个或某些数据的特性	最常用的一种技术就是变形操作，即对部分数据进行染出的详细显示，可以用于对层次信息和图形信息的可视化。双曲变形和球形变形、透视墙（Perspective Wall）、鱼眼（Fisheye）等。同时，变形可以在原始的可视化中，也可以在独立的窗中

【**实例**】可视化效果的交互

在完成可视化映射机制的配置过程之后，用户需要使用完成的配置来实现可视化效果的交互。用户除了可以查看基础的可视化视觉图形外，最主要的是可以实现用户与可视化视觉图形间的交互。如表 5-5 所示，是可视化效果的交互。

表 5-5　可视化效果的交互

可视化效果的交互	作用	应用
可视化图形与鼠标事件的交互	可视化系统架构通过支持鼠标事件来支持交互操作	用户点击鼠标时触发、鼠标进入或离开视觉图形元素时触发、鼠标移入或移出图形元素范围时触发，以及鼠标滑过或者抬起时的触发行为
可视化图形的缩放操作	允许用户在水平或垂直方向上更改图形元素的尺寸	通过缩放操作，用户可以方便地在视觉图形的总体信息概况和局部细节信息之间切换查看
可视化图形的平移操作	用户可在水平或垂直方向上移动视觉图形的位置	通过将平移操作和缩放操作结合起来，用户可以更加方便地查看视觉图形的局部细节信息
可视化图形的过滤操作	用户可根据原始数据的值对数据图形的效果进行显示过滤	通过可视化效果的过滤操作，即高亮地显示或选择性地隐藏，使用户的注意力集中在一组或者多组数据关系上，增强了数据之间的表现力
可视化图形的拖拽操作	一种常见于图形重定位和基于力学的网络图中的可视化技术	可以分散视觉图形元素之间的距离，更加方便用户查看元素与元素之间的关系属性
可视化图形的动画演示	对视觉图形提供一种或多种动画的演示方案	可以更加生动地表现静态视觉图形的可视化表现效果，从而可以简化用户对可视化效果的配置过程

第六章

数据可视化的实战经验

典型实例一 数据可视化在各领域的应用

类型	图片	内容
人类和身份分类	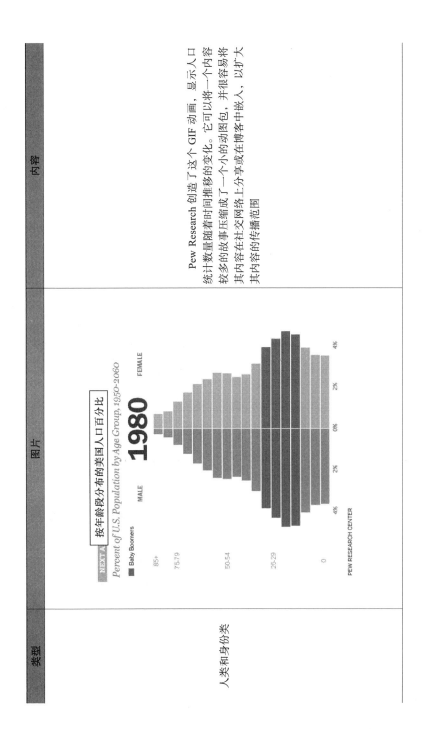	Pew Research 创造了这个 GIF 动画,显示人口统计数量随着时间推移的变化。它可以将一个内容较多的故事压缩成了一个小的动图包,并很容易将其内容在社交网络上分享或在博客中嵌入,以扩大其内容的传播范围

（续）

类型	图片	内容
	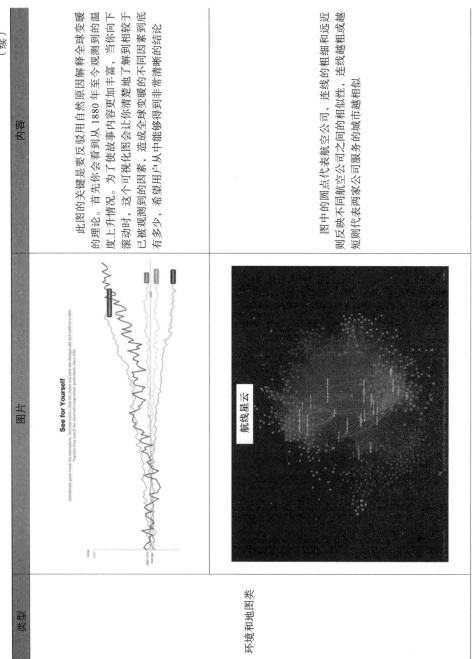	此图的关键是要反驳用自然原因解释全球变暖的理论。首先你会看到从 1880 年至今观测到的温度上升情况。为了使故事内容更加丰富，当你向下滚动时，这个可视化图会让你清楚地了解到相较于已被观测到的因素，造成全球变暖的不同因素到底有多少，希望用户从中能够得到非常清晰的结论
环境和地图类		图中的圆点代表航空公司，连线的粗细和远近则反映不同航空公司之间的相似性。连线越粗或越短则代表两家公司服务的城市越相似

（续）

类型	图片	内容
人文和社会类	"年度新闻热度"（The Year in News）	展现了一个专业的数据可视化案例如何清晰地传达隐藏在数据冰川内部的模式和趋势。通过分析1.845 亿次推特的记录，Echelon Insights 用数据可视化直观地展现了 2014 年美国人谈论的话题热度
	呈现电话使用习惯的 Visual Cinnamon 和弦图	显示荷兰手机用户的趋势，基本上显示了当前的市场份额，以及受访者在现有手机之前所持手机的类型。 因此，这张图表实际上相当直接地表明了，以前拥有三星亚的三星用户的百分比是多少，对以前的手机保持忠诚度的诺基亚用户的数量，以及苹果从三星手中获得的市场份额的数量，以及用户在其他品牌中转变保持有的可能性

（续）

类型	图片	内容
艺术、娱乐和流行文化类	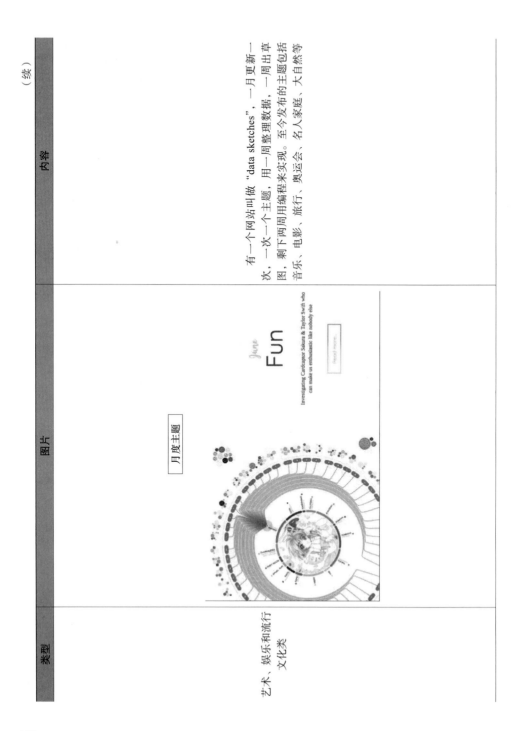 月度主题	有一个网站叫做"data sketches"，一月更新一次，一次一个主题，用一周整理数据，剩下两周用编程来实现。至今发布的主题包括图，电影、旅行、奥运会、名人家庭、大自然等音乐、一周出草

（续）

类型	图片	内容
科学和技术类	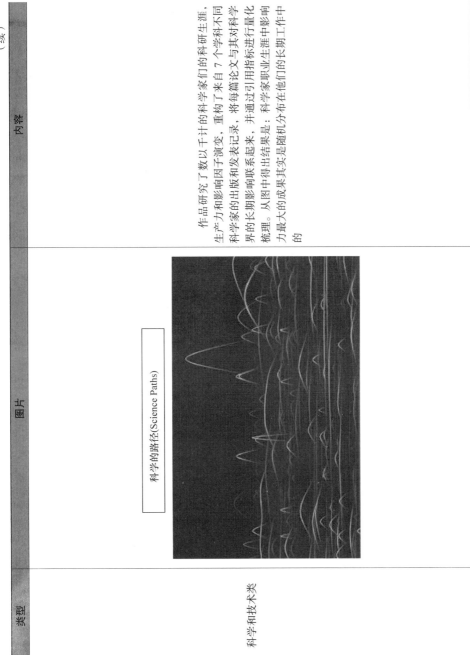 科学的路径(Science Paths)	作品研究了数以千计的科学家们的科研生涯，重构了来自7个学科不同生产力和影响力的出版和发表记录，并通过引用指标进行量化梳理。从图中得出结果是：科学家职业生涯中影响力最大的成果其实是随机分布在他们的长期工作中的

典型实例二　美国日常生活中数据可视化应用实例

1.西雅图居民如何决定住房

对大多数社区而言，人们对住房的关心点几乎是同样的。除了闹市区租金比较贵以外，人们最关心的是能否买得起房子。与此同时，对周边学校的质量、交通等也十分关心，即关心步行距离的人可能也关心住处是否离公共交通站更近。而对于家庭人数的变化则很少关心。如图6-1所示，《西雅图时报》提供了一个广泛地将大量调研信息可视化的方式，即视觉数据化故事展现给我们。

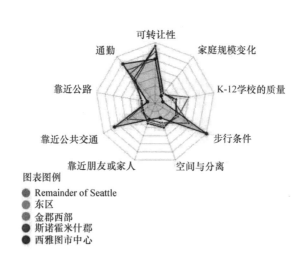

图6-1　西雅图居民如何决定住房

2. 机器如何破坏／创造工作机会

如图 6-2 所示，你在滚动浏览时就会发现，1850 年美国大约有 260 万人在农场工作，美国工人有 51％是农民，而到了 2013 年只有 160 万人，这时只有 1％的美国工人是农民。随着农业方面的工作大幅减少，蓝领、服务业、白领等工作岗位都有增加。这两个图表显示了"机器的兴起对美国工作岗位的影响"，并不意味着由于农民劳动力不足而经济不稳定，它只意味着随着工作过程中机器的兴起以及工业人口的增长，劳动力开始涌向白领工作行业。这张图表不仅显示了失业率的变化，而且显示了就业规模的变化。

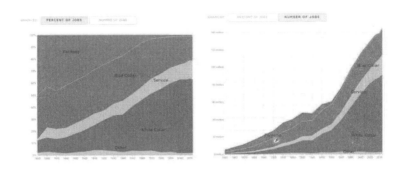

图 6-2　机器如何破坏／创造工作机会

3. 地铁网络的强度活动

如图 6-3 所示，华尔街日报发布了惊人消息：收集每个用户进入纽约地铁的巨大网络所产生的数据，把这些看似不相干的个人数据（如各类门票、车站、时刻表和票价等）所构成的信息放在地图中并向信息添加逻辑关系，这样可以在价格系统中引入税价变化，以此来理解使用变化的情况。

图 6-3　地铁网络的强度活动

典型实例三　《华盛顿邮报》《纽约时报》如何做数据可视化

一、《华盛顿邮报》的数据可视化奥运会

为了让民众更好地参与、融入本届奥林匹克赛事，《华盛顿邮报》推出"可视化的里约 2016"系列专栏。以数据地图、时间线、交互式图表等数据为主、文字为辅的表现方式记录了奥运会的方方面面。

1.数据地图＋时间线

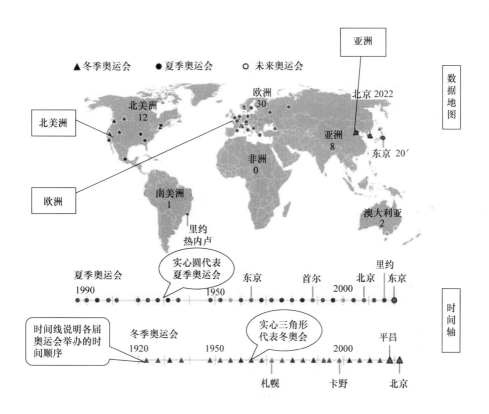

图 6-4　数据地图与时间轴

　　数据地图与时间轴是数据可视化重要的表现方式，在地图上标注信息是数据地图的主要特征。上图在世界地图上罗列出了那些曾经举办过奥运会以及即将举办奥运会的国家。以不同的颜色划分地域，保证了信息的详尽，既简洁又大方美观。

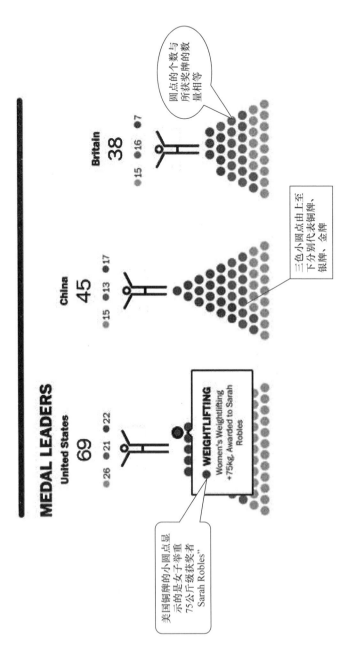

图 6-5 交互式图表

2. 交互式图表

为了方便用户比较查阅,《华盛顿邮报》设立了交互式数据查询界面。在数据查询界面中,鼠标选中的窗口下方会出现交互性图表信息:该图表的交互性体现在鼠标所点之处的小圆点会显示出对应的奖牌信息。这一生动的交互式图表表现方式在于不但可以扩大图表容纳的信息量,而且可以增强用户的参与度与体验感,赋予了新闻阅读的趣味性。

二、《纽约时报》紧跟热点的数据新闻

《纽约时报》吸引用户依然靠得是其敏锐的新闻敏感度和独特的切入角度。比如针对闹得沸沸扬扬的奥运选手服用兴奋剂事件,当晚推出数据报道"那些因为他人服用兴奋剂而与奖牌失之交臂的运动员们",将关注点放在那些没能站上领奖台,却在后续的排名调整中获得奖牌的运动员身上。用数据强调观点:"服用兴奋剂让其他选手遭受到了不公正的对待"。

报道中使用了大量的互动性相对较弱的信息图、静态图表等数据可视化方式,如图 6-6、图 6-7 所示。

图 6-6　因为服用兴奋剂丢掉奖牌的奥运选手名单

图 6-7　在调整排名后，获得金牌的奥运选手名单

典型实例四　中邮网院数据可视化

1. 概述

为加快推进邮政储蓄银行员工实现持证上岗，邮政储蓄银行总行自 2012 年起，开始依托中邮网院实施岗位资格认证考试，目前已面向理财经理、公司客户经理、网点负责人等多个岗位开展了认证考试，通过分析考试数据，可统计分析学员考试行为，为总行制定岗位资格认证考试要求及安排提供参考和依据。中邮网院以理财经理岗位资格认证考试数据为样本进行了数据可视化分析，先将分散在不同数据表中的数据进行联合、合并，再通过 PL/SQL Developer 客户端将预处理后的数据从 Oracle 数据库中导出生成 .XLS 文件，再利用 Excel 图表工具生成相应的图形。

1）参加考试人员年龄比例饼图

2012—2014 年，参加理财经理岗位资格考试人员的年龄比例分布，如图 6-8 所示。

通过图 6-8 可以看出，参加理财经理岗位资格考试的人中 41~50 岁员工占比为 8%，51 岁以上员工占比 1%。这组数据反映出银行理财经理岗位从业人员整体比较年轻，40 岁以下员工占比达 90% 以上，企业员工充满活力。

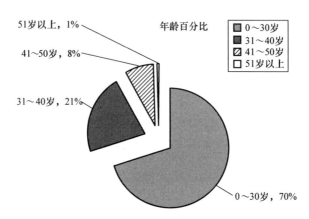

图 6-8 理财经理岗位资格考试人员年龄比例分布图

2）参加考试人员工成绩分布柱状图

2012—2014 年，参加理财经理岗位资格考试人员的成绩分布柱状图，如图 6-9 所示。

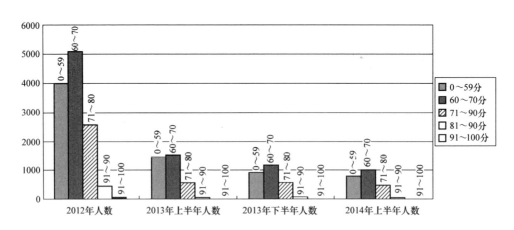

图 6-9 理财经理岗位资格考试人员的成绩分布柱状图

通过图 6-9 可以看出，近 3 年理财经理岗位从业人员考试分数区间（0~59、60~70、71~80、81~90、91~100）的人数占比分布情况基本稳定。

2.R 语言分析网络监控数据

中邮网院在对网络、服务器、业务系统进行技术运维的过程中，积累了大
量监控数据，通过分析一定时间和周期内的监控数据，可以帮助运维人员分析
网络和设备运行的负载情况，为今后设备运维和容量调整提供依据。

1）网院出口流量曲线图以 2015 年 4 月 13 日为例，网院出口线路流量详细
情况如图 6-10 所示：采样间隔为 30 分钟。从图 6-10 可以看出，该时段中邮网
院出口流量总体运行在正常水平。其中，9:00~23:00 为业务繁忙期。如果要进
行系统维护，应尽量避开繁忙时段。从图 6-11 可以看出，2015 年 3 月，首页服
务器总体运行处于平稳状态。其中，3 月 1 日、7~8 日、14~15 日、21~22 日、
28~29 日为节假日，访问量较低，其他时间访问量处于正常水平。

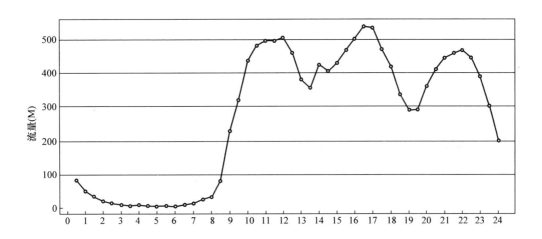

图 6-10　网院出口线路流量统计图

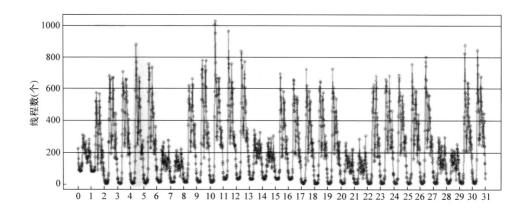

图 6-11　中邮网院首页服务繁忙线程数统计图

2）其他可视化工具分析考试项目情况

中邮网院还通过基于 Web 的图形工具 ECharts 对数据进行可视化分析，在服务端 Servlet 中使用 JDBC 直接访问数据库进行数据查询，再将数据结果集填充至 ECharts 图形对象的 option 属性数组的 series（数据系列）元素中，然后配置 option 属性数组的其他元素，如 Axis（坐标轴）、tooltiP（提示框）、legend（图例）等，用户可通过浏览器客户端访问到装载实时、动态图形的 Web 页面。

典型实例五　里约奥运会数据可视化图表—孙杨是如何夺取 200 米自由泳金牌的

在里约奥运会这场大型赛事举办期间，英国《卫报》的数据可视化团队对比赛中的运动数据进行了分析。

最引人注目的是可以动态展示一个运动员从比赛开始到结束的所有状态数据。如图 6-12 所示的孙杨是如何夺取 200 米自由泳金牌的数视化动态作品。该作品同步发布到《卫报》的官网上，引起了很多用户的关注。

图 6-12　孙杨是如何夺取 200 米自由泳金牌的数视化作品

英国《卫报》的数据可视化团队收集的里约奥运会上 8 位决赛选手在 200
米自由泳中的数据，用 50 米、100 米、150 米、200 米作为节点，以动态展示出
领先者的成绩，并与他人做横向对比，找出其他追赶者与领先者的差距。如图
6-13 所示，50 米、100 米、150 米、200 米自由泳中动态作品。从中看到各选手
起跳反应时间分析（图中中间浅灰色为孙杨），查德·勒·克洛斯在开局时是最
具有优势的，孙杨在 200 米自由泳中，前 175 米都落后于查德·勒·克洛斯，但
在最后 25 米孙杨打败南非选手查德·勒·克洛斯，夺得 200 米自由泳冠军。

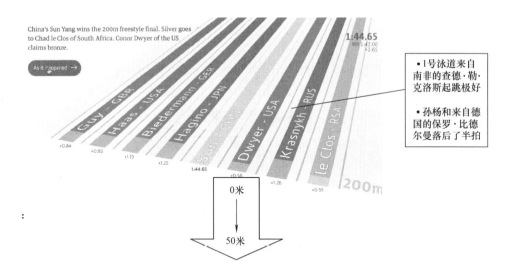

图 6-13 8 位决赛选手在 50 米、100 米、150 米、200 米数视化动态作品

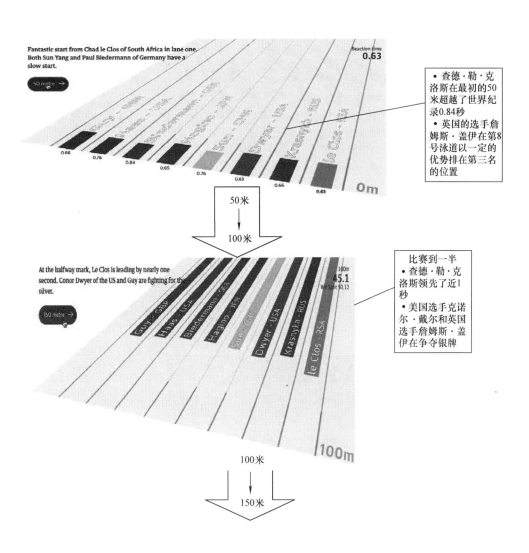

图6-13　8位决赛选手在50米、100米、150米、200米数视化动态作品（续）

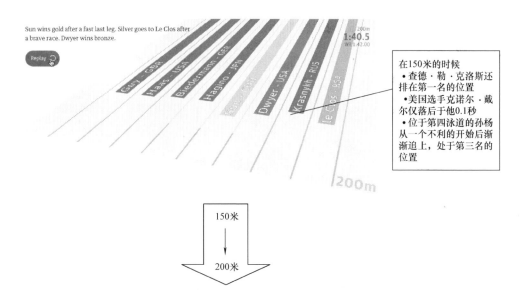

在150米的时候
- 查德·勒·克洛斯还排在第一名的位置
- 美国选手克诺尔·戴尔仅落后于他0.1秒
- 位于第四泳道的孙杨从一个不利的开始后渐渐追上，处于第三名的位置

150米

↓

200米

在200米的时候
- 孙杨在最后一刻拼尽全力赢得了金牌
- 查德·勒·克洛斯获得了银牌
- 美国选手克诺尔戴尔仅落后查德·勒·克洛斯0.1秒，获得了铜牌

图6-13　8位决赛选手在50米、100米、150米、200米数视化动态作品（续）

参考文献

[1] Alexandru C. Telea. Data Visualization: Principles and Practice[M].Second Edition. AK PE-TERS, 2014.

[2] 赵野. 大数据知多少 [J]. 百科知识，2013（23）: 23-24.

[3] Halevi G, Moed H. The evolution of big data as a research and scientific topic: Overview of the literature[J]. Research Trends, 2012, 30（1）:3-6.

[4] 周苏，王文. 大数据可视化 [M]. 北京：清华大学出版社，2016.

[5] 南方医科大学珠江医院、华南师范大学计算机学院. 医学图像三维重建可视化仿真手术系统研制成功 [J]. 中国医疗器械杂志，2008（6）: 437.

[6] Tony Hey, Stewart Tansley，Kristin Tolle. The Fourth Paradigm: Data-Intensive Scientific Discovery[R]. NewYork：Microsoft Research. 2009.

[7] 杨彦波，刘滨，祁明月. 信息可视化研究综述 [J]. 河北科技大学学报，2014（2）: 91-102.

[8] Reichman OJ, Jones GA, Bony S, Easterling DR. Challenges and Opportunities of Open Data in Ecology[J]. Science, 2011, 331（6018）: 703-705.

[9] 陈为，沈则潜，陶煜波，等．数据可视化 [M]．北京：电子工业出版社，2013.

[10] 周琳，孔雷，赵方庆．生物大数据可视化的现状及挑战 [J]．科学通报,2015（5-6）: 547 - 555.

[11] Gartner: "The top 10 strategic technology trend for 2012" [EB/OL].（2011-11-05）. http : // www.gartner.com.

[12] 张引，陈敏，廖小飞．大数据应用的现状与展望 [J]．计算机研究与发展，2013，50（增刊）:216-233.

[13] 维克托·迈尔 - 舍恩伯格，肯尼斯·库克耶．大数据时代 [M]. 盛杨燕，周涛，译．杭州：浙江人民出版社，2013.

[14] 孙扬，封孝生，唐九阳，肖卫东．多维可视化技术综述 [J]．计算机科学，2008（11）:1-7.

[15] 张鲁营．多维数据可视化方法研究 [D]．北京：北京交通大学，2016.

[16] Gintautas Dzemyda, Olga Kurasova，Julius Zilinskas.Multidimensional Data Visualization: Methods and Applications[M].Springer,2012.

[17] Alsakran J, Zliao Y , Zhao X L. Tile-based parallel coordinates and its application in financial visualization[C]. Proceedings of the Visual and Data Analysis conference at SPIE Electronic Imaging, 2010: 1-12.

[18] Jimeng Sun, Yu-Ru Lin, Gotz D, Shixia Liu, Huamin Qu. Facetatlas: Multifaceted Visualization[C].IEEE Transactions. on Visualization and Computer Graphics, 2012,18（12）:2639-2648.

[19] Zhao J, Chevalier F, Collins C, Balakrishnan R. Facilitating discourse analysis with interactive visualization. IEEE Transactions on visualization for rich text corpora[C]. IEEE Transactions on Visualization and Computer Graphics, 2010, 16（6）: 1172-1181.

[20] Collins C, Carpendale S, Penn G. DocuBurst: Visualizing Document Content using Language Structure[J]. Computer Graphics Forum, 2009, 28（3）:1039–1046.

[21] Wattenberg M, Viégas F B. The Word Tree, an Interactive Visual Concordance[J]. IEEE Transactions on Visualization & Computer Graphics, 2008, 14（6）:1221-1228.

[22] Chun-Houh Chen, Wolfgang K. Härdle, Antony Unwin. Handbook of Data Visualization[M]. Springer, 2008.

[23] Kandogan E. Star coordinates: A multi-dimensional Visualization Technique with Uniform Treatment of Dimensions[C]. Proceedings of IEEE Information Visualization Symposium 2000. Los Alamitos: IEEE Computer Society, 2000: 4-8.

[24] Grinatein G G. Hoffman P E, Laskowski S J, et al. Benchmark Development for the Evaluation of Visualization for Data Mining//Information visualization indata mining and knowledge

discovery. San Frandsco[M].CA：MorganKaufmann PublishersInc,2001：129-176.

[25] 徐武雄，初秀民，刘兴龙．水上交通信息可视化技术研究进展 [J].中国航海，2015（3）：
34-38.

[26] Jensen M. Visualizing Complex Semantic Timelines[R].2003.

[27] Phan D, Xiao L, Yeh R, et al. Flow map layout[C]//Andrews K. Proc. of the INFOVIS. Los
Alamitos. IEEE Press, 2005: 219-224.

[28] 侯溯源，安晓亚，许剑，孙亮．地理信息可视化新技术综述与分析 [J].测绘与空间地理信
息，2014（1）: 30-32.

[29] 于广华，王宁．Microsoft Excel 药学计算可视化的应用 [J].计算机与应用化学 .2006
（9）:839-841.

[30] Ashutosh Nandeshwar.Tableau 数据可视化实战 [M].任万凤，刁钰，译 .北京：机械工业
出版社，2014.

[31] 蒋晓宇 .基于 tableau 可视化业务报表设计与实现 [J].数字通信世界，2017（2）: 224-225.

[32] 刘培宁，韩笑，杨福兴．基于 R 语言的 NetCDF 文件分析和可视化应用 [J].气象科技，
2014（8）: 629-634.

[33] 吴丹露，魏彤，许家清 . R 语言环境下的文本可视化及主题分析——以社会服务平台数据为例 [J]. 宁波工程学院学报，2015（3）.19-25

[34] Hamish Carr，Christoph Garth，Tino Weinkauf.Topological Methods in Data Analysis and Visualization IV: Theory, Algorithms, and Application[M].Springer, 2015.

[35] 姚远 . 数据可视化技术实现流程探讨 [J]. 软件导刊，2010（5）42-44.

[36] 刘庆芳，许志坤，田卫辉 . 中国邮政网络学院数据可视化分析研究 [J]. 邮政研究,2017(1): 13-16.

[37] Newman, Winifred E.Data Visualization for Design Thinking : Applied Mapping[M].New York: Routledge, 2017.